自动气象站原理与测量方法

胡玉峰　主编

气象出版社
China Meteorological Press

内容简介

本书是为了配合我国地面气象观测自动化建设而编写的。它较为详细地阐述了自动气象站的构成与工作原理。包括传感器、数据采集器、电源和外围设备、业务软件、组网等。同时对自动气象站的测量方法,包括采样与算法、数据质量控制、自动与人工观测数据的差异等,作了全面的介绍和深入的分析。

本书包含了近代地面气象自动化观测的科研、试验、使用等方面的成果,对《地面气象观测规范》(2003年版)和CIMO观测指南(第六版)的相关内容进行较为全面的、深入浅出的诠释,有较高的理论和实用价值,是气象业务管理人员、观测人员、计量维修人员必备之读物,也可作为大专院校师生和有关科技人员的参考书。

图书在版编目(CIP)数据

自动气象站原理与测量方法/胡玉峰主编. —北京:
气象出版社,2004.6(2012.8重印)
ISBN 978-7-5029-3789-8

Ⅰ.自… Ⅱ.胡… Ⅲ.①自动气象站-理论②自
动气象站-测量方法 Ⅳ.P415.1

中国版本图书馆 CIP 数据核字(2004)第 053561 号

Zidong Qixiangzhan Yuanli yu Celiang Fangfa

自动气象站原理与测量方法

胡玉峰 主编

出版发行:气象出版社

地 址:北京市海淀区中关村南大街 46 号　　　邮政编码:100081
总 编 室:010-68407112　　　发 行 部:010-68409198
网 址:http://www.cmp.cma.gov.cn　　　E-mail:qxcbs@cma.gov.cn
责任编辑:张锐锐　　　终 审:周诗健
封面设计:博雅思企划　　　责任技编:吴庭芳
印 刷:北京奥鑫印刷厂
开 本:787 mm×1092 mm 1/16　　　印 张:10.5
字 数:269 千字
版 次:2004 年 6 月第一版　　　印 次:2012 年 8 月第四次印刷
定 价:38.00 元

前　言

我国自动气象站的研制已有近 40 年的历史。20 世纪 90 年代末,我国自行研制的自动气象站已经开始投入业务使用。迄今全国气象台站地面观测要素中的器测项目基本上由自动测量替代,这标志着我国地面气象观测进入了一个新时代。广大气象台站观测人员、业务管理人员以及有关用户,在对自动气象站的认识和了解过程中,迫切需要一本全面阐述自动气象站方面的参考书。为此,我们根据多年来在自动气象站研制、试验、生产、台站使用过程中积累的经验和研究成果,于 2003 年 4 月开始编写这本书。

本书较为详细地叙述了自动气象站的构成、工作原理以及测量方法。内容包括:气象传感器、数据采集器、电源与外围设备、业务软件、数据采集与算法、数据质量控制、数据传输与组网以及自动观测与人工观测数据差异分析等,是对《地面气象观测规范》(2003 年版)和 CIMO 观测指南(第六版)相关内容,从理论和实际使用等方面进行全面、深入浅出的诠释。

全书共分 12 章。另将气象仪器测量准确度、计算公式及有关表格列入附录中。第一章、第二章、第三章、第六章、第十一章、第十二章由胡玉峰为主编写;第四章和第五章中的外围设备由李建国编写;第五章电源由李平编写;第七章、第九章由刘钧编写;第八章由李佳编写;第十章由殷建国编写。

在本书完成之际,我想起了曾经为我国自动气象站的研制付出了巨大努力的老一辈专家们,是他们的智慧和贡献,才有了我们今天的成就。本书在编写过程中得到了他们的具体指导和帮助。中国气象局监测网络司宗曼晔、王晓辉、陈永清等领导对本书有些内容要与新出版的观测规范相一致,提出过积极有益的建议。对此,一并向他们表示衷心感谢。

本书在编写过程中,个别章、节引用了张霭琛、林晔、李家瑞、屠其璞等教授著作中的小部分内容,仅在文字上作了少量修改,特此说明。

由于编著者水平所限,本书在内容上难免存在不足之处,恳请各位专家和广大读者不吝赐教。

胡玉峰
2004 年 3 月

《自动气象站原理与测量方法》编写组

主　　编　　胡玉峰

顾　　问　　宗曼晔　　王晓辉　　陈永清

编写组成员　　刘　钧　　李建国　　李　佳　　李　平

　　　　　　　张宏伟　　管永基　　殷建国　　王　静

　　　　　　　郑新芙　　沙　勇　　王丽岩

目　录

第一章 概　述

自动气象站是一种能自动收集、处理、存储或传输气象信息的装置。一般由传感器、数据采集器、微机、系统电源、通讯接口等组成。

传感器将气象参数转换成数据采集器所需的模拟量、数字、频率等，以便进行测量，数据采集器将传感器送来的参量按设定的要求进行处理。经过处理的气象资料用有线或无线方式传输给用户，或存储起来。

在网络系统中，自动气象站也称子站，将许多子站和一个中心站用通讯网络连接起来，形成自动气象观测系统。

1.1　使用自动气象站的目的

自动化新技术的使用，从根本上提高了我国大气探测现代化的总体水平，减少了由人工观测引起的误差，提高了地面观测资料的可靠性，进一步减轻了观测人员的劳动强度。

由于对观测方法、测量技术、仪器设备的标准化控制，也提高了整个地面观测站网资料的均一程度。

在现有气象台站建设自动气象站，可以提高现有气象台站观测资料的时间密度；在现有气象台站之外建设自动气象站，可以提高观测资料的空间密度。从而全面提升了我国地面气象观测站网的时空密度，对增强监测、警报、预测能力，为科学研究、科学试验、天气预报、气候预测、人工影响天气、城市环境气象和气象灾害决策服务等方面，可提供更准确、更及时、更有效的地面气象观测资料。

1.2　自动气象站的基本要求

1.2.1　自动气象站的主要功能要求

（1）自动采集各类气象要素的观测数据，经处理后发送至终端设备。

（2）按照规定公式自动计算海平面气压、水汽压、相对湿度、露点温度等，以及所需的各种统计数据。

（3）按照业务需求，编发各类气象报文，编制各类气象报表（数据文件）和发送实时观测数据。

1.2.2　自动气象站的主要技术性能指标

自动气象站的主要技术性能指标包括：测量要素及其测量范围，数据采样率，数据处理方法，准确度，数据存储能力，数据传输方式等。

1.3　自动气象站的种类

自动气象站的分类方法很多。世界气象组织仪器和观测方法委员会（CIMO）把自动气象站分成提供实时资料的实时自动气象站和记录资料供非实时分析用的非实时自动气象站两类。

根据我国的自动气象站建设的实际情况,把它分成以下两类:即有人值守的自动气象站和无人值守的自动气象站。

有人值守的自动气象站是一种人机结合的自动气象站,配有终端设备。目前在业务上使用的是这类自动气象站。

无人值守的自动气象站是一种全自动的自动气象站,只含有能实现自动测量的气象要素,要素的多少根据用户的需要而定,可以定时或非定时的采集数据,直接远距离传输给用户,也可以把此数据存储在本站存储器内,定时回收处理。

1.4 国内、外自动气象站研制概况

20世纪50年代末,不少国家已有了第一代自动气象站,如前苏联研制的M36型自动气象站,美国研制的AMOS—Ⅲ型自动气象站等。这些自动气象站观测的要素少、结构简单、准确度低。60年代中期,第二代自动气象站已能适应各种比较严酷的气候条件,但未能很好地解决资料存储和传输问题,无法形成完整的自动观测系统。到70年代,第三代自动气象站大量采用了集成电路,实现了软件模块化、硬件积木化,单片微处理器的应用使自动气象站具有较强的数据处理、记录和传输能力,并逐步投入业务使用。进入90年代以来,自动气象站在许多发达国家得到了迅速发展,建成业务性自动观测网。如美国的自动地面观测系统(ASOS)、日本的自动气象资料收集系统(AMeDAS)、芬兰的自动气象观测系统(MILOS)和法国的基本站网自动化观测系统(MISTRAL)等。

我国自动气象站研制工作始于20世纪50年代后期,至今已有40年的历史。60年代初,由原中央气象局观象台主持研制无人自动气象站,到70年代初研制出5台无人自动气象站,在青海省的五个台站进行试验,前后达10年之久。与此同时,原中央气象局研究所又主持研制出综合遥测气象自动站,在杭州、苏州、北京等地进行了为期6个月的现场考核。

80年代中期,由中国气象科学研究院大气探测所主持,采用静止气象卫星中继数据的方式,研制出资料收集平台(DCP),分别在青海、内蒙古、湖北、浙江等地的艰苦台站进行为期1年的试验,并通过了技术鉴定。到了90年代中期,中小尺度天气自动气象监测站网在长江三角洲、珠江三角洲地区建站运行。90年代后期,我国第一批自动气象站设计定型,并获准在业务中使用。截至2003年,全国有1000多个台站使用了自动气象站,并实现了组网。

在过去的十几年间,自动气象站在发达国家和一些发展中国家之所以获得了迅速的发展,并得到了应用,主要取决于三大因素:

(1)技术因素:微型计算机、通信、传感器等技术的发展和推广应用,为自动气象站技术性能的提高提供了良好的技术基础。特别是微型计算机软件技术的日趋成熟,简化了硬件的设计,降低了功耗。(2)业务因素:为了提高天气预报的准确率和气候预测的水平,需要时空密度更高和更准确的观测资料,地面台站常规观测承担这种任务有较大困难。(3)社会经济因素:社会经济的发展,要求有更多的自动气象站进行连续观测,给国民经济各部门提供更多的气象服务信息。

尽管自动气象站在技术上成熟了许多,并且在气象观测业务和其它部门得到单站使用或组网使用,但它仍存有不足之处,主要表现在:

有些气象传感器还不够成熟,测量准确度不高。例如日照、蒸发、雨量等;有些气象要素还没有合适的传感器。例如云、天气现象等。因此,使用自动气象站后,仍需保留一部分人工观测

项目。此外,观测数据的一致性问题,也是极为重要的。不同种类的自动气象站之间获得的数据以及与人工观测的数据,它们之间往往存在一定的差异。这就要求建立标准算法,使这些差异减少到合理的程度。

随着社会经济的发展,科学技术的进步,将进一步推动自动气象站技术向微功耗、多功能、智能化、高精度、高可靠性方向发展,将为社会各部门提供更详细、更准确的气象信息。

第二章 结构与工作原理

自动气象站的种类很多,但不管是那一种,其结构与原理大致是相同的。

2.1 体系结构

自动气象站由传感器、数据采集器、通讯接口和系统电源四部分和有关软件组成,根据业务需要可配备微机终端作为外围设备。

现用自动气象站主要采用集散式和总线式两种体系结构。集散式是通过以 CPU 为核心的采集器集中采集和处理分散配置的各个传感器信号,现有的自动气象站大都采用这种结构;总线式则是通过总线挂接各种功能模块(板)来采集和处理与分散配置的各个传感器信号。采用总线技术的自动气象站可使结构简单,工作可靠,耗电量低,组网通讯方便。这是自动气象站今后发展的方向。

自动气象站组成如图 2.1 所示。

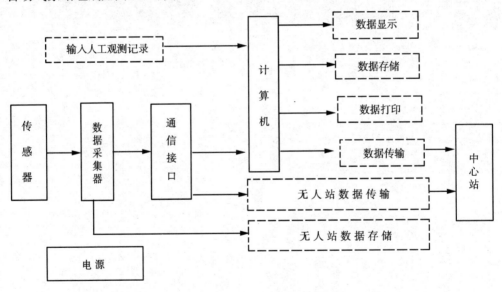

图 2.1 自动气象站组成框图

注:图中画虚线的部分不是自动气象站的硬件,而是自动气象站的功能。

2.2 工作原理

各个传感器的感应元件随着气象要素值的变化,使得相应传感器输出的电量产生变化,这种变化由 CPU 实时控制的数据采集器所采集,进行线性化和定标处理,实现工程量到要素量的转换;对数据进行质量控制;通过预处理后,得出各个气象要素的实测值。

若配有终端微机可实时按设定的菜单将气象要素实测值显示在微机屏幕上。在定时观测时刻,数据采集器中的观测数据传输到微机进行计算处理后,按设定的菜单显示在微机屏幕上,并按统一的格式生成数据文件。同时可按规定,生成各种气象报告;对观测资料进一步加工

4

处理后,生成全月数据文件,利用配备的打印机可打印输出气象记录报表。

若需将观测数据远距离发送,可在设定程序控制下,通过发送设备定时进行观测资料的传输,也可通过收发送设备进行应答式数据收集和传输。

若配有数据存储卡(模块),可按设定时次将观测数据存入其中,定期收回处理。

此外,还可对运行状态进行远程监控。

2.3 国家基准站用自动气象站

国家基准站使用的自动气象站(CAWS600型)测量要素多、功能齐全、软件丰富,代表了我国现有自动气象站的最高水平。

2.3.1 整体组成

该自动气象站主要由传感器、数据采集器、主控机、电源和专用电缆等组成。室外部分有:气压传感器、温、湿传感器、风传感器、雨量传感器、辐射传感器、蒸发传感器、地温传感器、日照传感器和感雨器等。室外部分还有数据采集器、连接箱等。室内部分有主控微机、打印机、电源等。室外部分通过专用电缆与室内部分相连接。CAWS600型自动气象站整体组成如图2.2所示。

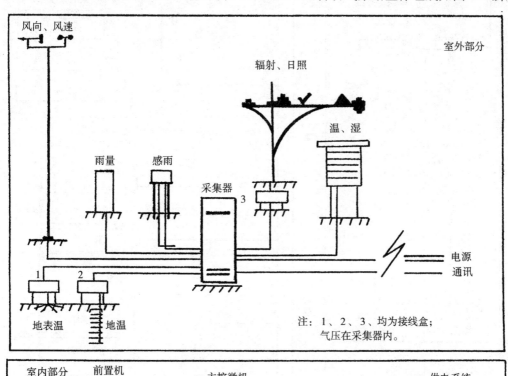

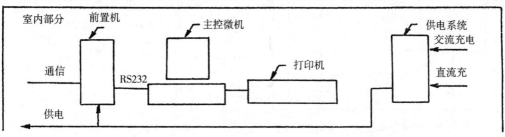

图 2.2 CAWS600 型自动气象站整体组成示意图

2.3.2 基本结构

自动气象站的传感器都安置在室外。气压传感器、采集单元、电源、电源防雷器、防雷板、通讯转换器等都安置在室外机箱(CAWS-JX01)内。室外部分用连接电缆与室内的主控机相连接。CAWS600系统连接图如图2.3所示。

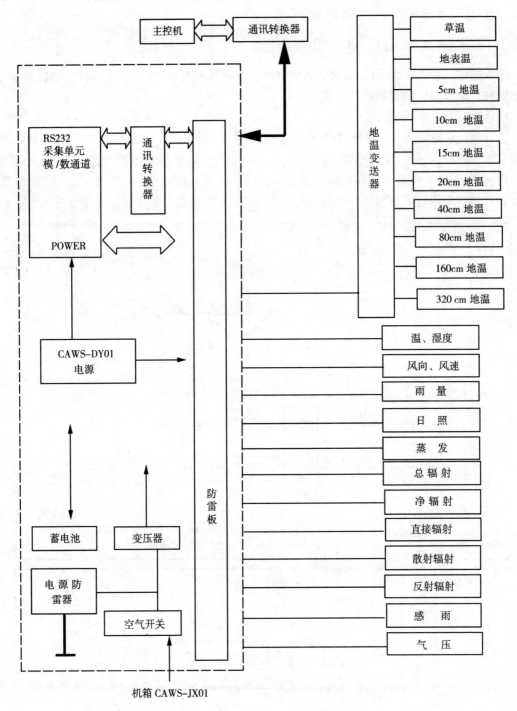

图2.3 CAWS600系统连接示意图

2.3.3 工作流程

CAWS600型自动气象站的工作流程如图2.4所示。

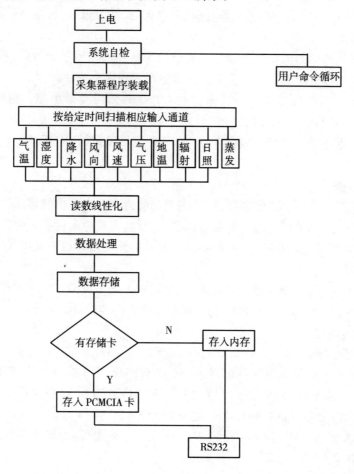

图2.4 CAWS600型自动气象站工作流程图

系统通电后,采集器开始自检,并将取样规范程序装入内存,开始运行。

这时采集器已进入用户命令循环,等待通讯口指令,并按照各要素采样规范进行各通道传感器的扫描取样。然后将扫描结果进行相应的换算,统计,极值挑取等处理。处理结果在有扩展PCMCIA卡的情况下,将会被存入扩展卡,没有扩展卡时存入主存储器。这些结果都能由用户从RS232通讯口端进行调用。

2.3.4 CAWS600型自动气象站的特点

(1)模块组合式结构

这种自动气象站为满足不同用户的需要,在硬件和软件两个方面均采用模块组合式开放性设计。用户可根据需求选配硬件,进行软件功能设置。

系统通过各种不同的硬件组合方式和相应的软件设置,并配以不同的通讯载体可配备出多种不同型号的自动气象站。如:自记气候站、自动气象站的网络系统、资料收集平台(DCP)和其它类型的无人自动站、综合有线遥测自动气象站(各种型号)等。

硬件配备的可选性

①传感器

用户可在下列传感器中任意选配部分或全部:气压、温度、湿度、风向、风速、降水、感雨、地表温度、地温(1～8个任选)、总辐射、净辐射、反射辐射、散射辐射、直接辐射、日照、蒸发。

②数据采集器

用户可根据传感器的配备数量决定是否选配采集器的通道扩展器,可根据前置控制机到数据采集器的数据传输距离决定是否配备长线数据传输隔离驱动器。

用户甚至可根据特殊要求使用其他型号DT系列的同类采集器。包括:DT50、DT500、DT505、DT515、DT600、DT605、DT615。

用户还可根据使用目的配备数据存储卡、DCP卫星发射机、VHF/UHF发射机、MODEM等。

③前置控制机

前置控制机是主控制机的配套设备,其主要功能为在无主控机的情况下(如:停电、主控机故障),作为自动气象站使用时的一种保障设备。同时,它还能配接各种类型的智能传感器,以适应系统的扩展;以及通信扩展口,以配备为不同目的而使用的通信载体或异地终端。

④主控制机

主控机是自动气象站的主要控制设备,是自动气象站人机接口的主要媒介。它由微机、打印机、MODEM等组成。其中打印机和MODEM均为可选设备。

(2)软件的可设置性

①操作系统可选性

主控机软件为开放性组合软件包,分为16位WINDOWS版和32位WINDOWS版。其操作系统可以是16位WINDOWS平台,如:中文WINDOWS 3.X;也可以是32位WINDOWS平台,如:中文WINDOWS95平台或中文WINDOWS NT等。由于软件采用OLE技术的WINDOWS标准语言设计。更新一代的WINDOWS平台出现后,本软件不需做任何更改即可适用于新的操作平台。

②软件功能可选性

为满足不同用户的使用要求和适应未来的发展,并为配合系统硬件的不同组合方式及其变更,控制软件的全部功能均对用户开放,用户可根据需求任意设置,系统根据用户的设置自动调整系统的相关结构。

③系统配置可设置

软件可对系统的基本配置或附加功能进行设定。其中包括是否允许对遥测数据进行人工修改;是否开放对采集器的终端控制功能,以便对采集器进行测试和维护;是否开放对前置机的终端控制功能,以便对前置机进行测试和维护;是否自动发送报文,以及发报的线路方式。

④观测要素或项目可设置

软件可对观测项目任意选择,并可选择是否增加人工观测。

⑤报文编发可设置

软件可对系统编发报文功能进行多项设定。包括发报种类(如:没选定任何项目,则表明不发报)、各类报文的详细选项等。

⑥本站参数可设置

软件可对本站的各项参数进行多项设定。

这种类型的自动气象站通过硬件、软件的组合,可组成其它类型的自动气象站,如适合于国家基本气象站,一般气象站使用的自动气象站;中小尺度天气监测网使用的自动气象站;资料收集平台(DCP);自动气候站等等;以满足不同用户的需求。

2.4 通讯方式

由于各台站气象报文现有的发送路由、发送设备不同,因此,目前气象站没有配备统一的通讯设施,通讯方式也不做统一规定。

自动气象站将规定格式的报文按统一的文件名存入有关目录,台站可根据现有的通讯设备、通讯软件、通讯协议自行调用(或转换调用)。目前,可利用的几种通讯方式的框图如图2.5所示

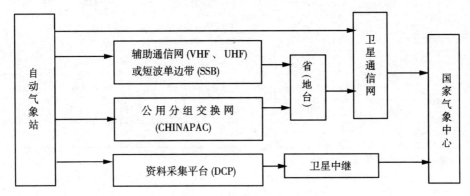

图2.5 通讯方式框图

2.5 自动气象站主要技术指标

2.5.1 使用环境条件

(1)室外条件

温度:−50℃～+50℃

相对湿度:0%～100%(在降水条件下正常使用)

阵风:≤75米/秒

(2)室内条件

温度:0℃～+25℃

相对湿度:≤90%

2.5.2 自动气象站技术性能要求

表2.1 自动气象站技术性能要求

测量要素	测量范围	分辨力	准确度	平均时间	自动采样速率
气温	−50～+50℃	0.1℃	0.2℃	1 min	6次/min
相对湿度	0～100%	1%	4%(≤80%) 8%(>80%)	1 min	6次/min
气压	500～1100 hPa (任意200 hPa)	0.1 hPa	0.3 hPa	1 min	6次/min

测量要素	测量范围	分辨力	准确度	平均时间	自动采样速率
风向	0°～360°	3°	5°	3 s 1 min 2 min 10 min	1 次/s
风速	0～60 m/s	0.1 m/s	(0.5+0.03v)m/s (0.3+0.03 v)m/s(基准站)		
降水量	雨强 0～4 mm/min	0.1 mm	0.4 mm(≤10 mm) 4%(>10 mm)	累计	1 次/min
日照	0～24 h	60 s	0.1 h	累计	1 次/min
蒸发	0～100 mm	0.1 mm	1.5%	累计	
地温	−50～+80℃	0.1℃	0.5℃ 0.3℃(基准站)	1 min	6 次/min
总辐射	0～2000 W/m²	1 W/m²	5%	1 min	6 次/min
净全辐射	−200～1400 W/m²	1 W/m²	15%～20%	1 min	6 次/min
直接辐射	0～2000 W/m²	1 W/m²	2%	1 min	6 次/min

遥测距离≤150 米

时钟精度:月累计不超过±30s

第三章　传感器

3.1　概述

3.1.1　传感器定义与组成

传感器是指能感受规定的被测量并按照一定的规律转换成可用输出信号的器件或装置，通常由敏感元件和变换元件组成。

由于电信号便于测量、传输、变换、储存和处理，因此气象传感器一般为电信号输出。输出的电信号通常有：电压、电阻、电容、电流、频率等。

气象传感器是直接从信号源（大气中）获得信息的前沿装置，传感器是否准确、可靠是影响自动气象站观测结果的关键。

传感器的组成：传感器一般由敏感元件、变换元件组成。变换元件也称变换器。有时将变换器也作为传感器的一部份。

敏感元件：直接感受（响应）被测量，并输出与被测量成确定关系的电的或非电的信号的元件。

变换器：接受敏感元件输出的信号，转换为标准电信号输出的器件。

并非所有传感器都包括敏感元件和变换器两部分，例如热敏电阻将被测量温度直接转换成电阻输出，因此热敏电阻同时兼任变换器功能。

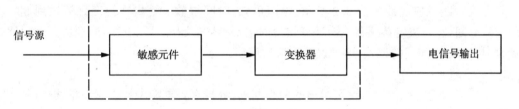

图 3.1　传感器的组成

传统的传感器，变换器是单独的一部分，而新型固态电路传感器常将变换器与敏感元件集成在一块半导体芯片上。

3.1.2　传感器的特性

传感器将输入的被测量参数转换为电信号输出，这种输出与输入关系是传感器的基本特性。

（1）线性度

理想情况下，输出与输入应该为直线关系，线性的特性便于显示、记录和数据处理。但通常传感器的输出与输入关系并非直线，一般可用多项式方程确定：

$$y = a_0 + a_1 x + a_2 x^2 \cdots + a_n x^n \qquad (3.1.1)$$

式中，a_0 为零位输出；a_1 为传感器的灵敏度；$a_2, a_3 \cdots a_n$ 为非线性特定系数。

实际使用中，若非线性项方次不高或非线性项的系数很小，且输入量程不大时，常用一条称为拟合直线的割线或切线来代替实际的特性曲线。但更多的是使用变换器使之线性化，或用

11

计算机直接计算。

（2）灵敏度

传感器在稳态工作时,输出量变化值 Δy 与相应的输入量变化值 Δx 之比,称为传感器的灵敏度 K

$$K = \frac{\Delta y}{\Delta x} \qquad (3.1.2)$$

（3）响应时间（滞后时间）

通常传感器用来测量某一被测参数时,都不能立即响应该参数的真实情况,它总是逐渐接近被测参数的真实情况,这种滞后现象称为传感器的滞后性或惯性。当被测参数发生阶跃变化时,传感器对它的响应可用下式表示。

$$Y = A(1 - e^{-t/\lambda}) \qquad (3.1.3)$$

式中:Y 是传感器示度经历时间 t 之后的变化值;A 是阶跃变化的幅度,t 是从该阶跃变化开始所经历的时间,λ 称为该传感器（系统）的时间常数。

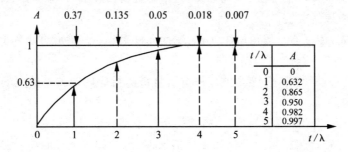

图 3.2 传感器的阶跃响应

上式阶跃响应曲线如图 3.2 所示,由图可知,时间常数 λ 是传感器变化值达到 63.2%A 所需的时间,它是决定传感器响应速度快慢的重要参数。图中可以看出:当经历 λ 时间就去测量时,将造成 36.8% 的误差,这种误差称滞后误差。

（4）分辨率

传感器测量时能给出被测量量值的最小间隔。分辨率要求能满足气象测量就行,例如空气温度测量分辨率 0.1℃ 就达到要求,没有必要细到 0.01℃。

（5）量程

传感器测量时能给出被测量值的最大范围。量程范围根据被测气象要素的要求而定,例如测量气温要求传感器量程为 -60～+60℃,而测量地表温度则量程要更宽些。

（6）漂移

传感器特性发生变化称为漂移,一般分时漂和温漂两种。

时漂是指当输入量不变时,传感器输出量在规定的时间内发生的变化。

温漂是外界环境温度变化引起传感器输出量的变化。温漂又分零点漂移与特性（例如灵敏度）漂移。

3.2 气压

气压是作用在单位面积上的大气压力,即等于单位面积上向上延伸到大气上界的垂直空气柱的重量。

大气压力测量的基本单位是帕斯卡（Pa）（即牛顿每平方米）。气象学上,常以百帕（hPa）为单位,取一位小数。1百帕(hPa)等于以前使用的单位 1 毫巴(mb)。

气象上使用的所有气压表的刻度均应以 hPa 分度。在标准条件下,760mm Hg 的气压等于 1032.25 hPa。

气压场分析是气象科学的基本需要。应该把气压场看成是大气状态的所有预报产品的基础。在条件允许的情况下,气压测量应该做到技术上能达到多高准确度就要求多高的准确度。必须保持在全国范围内气压测量和校准的一致性。自动气象站中所使用的气压传感器测量出来的是本站气压。

3.2.1 硅膜盒电容式气压传感器

在我国自动气象站中,普遍采用的是硅膜盒电容式气压传感器。

(1)结构

该气压传感器的主要部件为变容式硅膜盒。

变容式硅膜盒是由薄层单晶硅用静电焊接方法焊接在一个镀有金属导电膜的玻璃片上,中间形成真空而组成硅膜盒,在薄层单晶硅片上靠近玻璃片两边处,用蚀刻方法形成硅膜,并对硅膜采用喷镀金属方法使其具有导电性,而使导电玻璃片与硅膜形成平行板电容器,分别为该平行板电容器的两个电极。如图 3.3 所示。

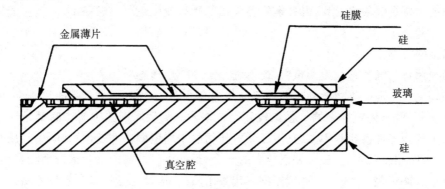

图 3.3　硅膜盒电容式气压传感器

在结构上,将该变容硅膜盒玻璃板片装在一个厚的单晶硅层上,形成传感器的刚性基板,以使结构牢固,具有较好的抗机械和热冲击性能。

由于传感器中所使用的硅材料和玻璃材料的热膨胀系数是彼此仔细匹配的,为使温度影响减到最小,在 1000 hPa 时设计它的温度影响为零,并在连续增温条件下进行热老化,使其长期稳定性增加到最大。

因单晶硅材料具有理想的弹性特性,而该传感器中弹性变形仅使用到硅材料整个弹性范围的百分之几。故该传感器具有测量范围宽,滞差极小,重复性好以及无自热效应等优点。

(2)测量原理

当该变容硅膜盒外界大气压力发生变化时,单晶硅膜盒随着发生弹性变形,从而引起硅膜盒平行板电容器电容量的变化。

该传感器的测量电路是 RC 振荡器,在振荡器中有三个参考电容器(C_1、C_2、C_3)。使用参考电容的目的,是在连续测量过程中,用来检验电容压力传感器和电容温度补偿传感器的。测量时,由多路转换器把 5 个参考电容器一次一个按顺序接到 RC 振荡器中去。因此,在一个测量周期中,可以测量到 5 个不同频率。测量原理如图 3.4 所示。

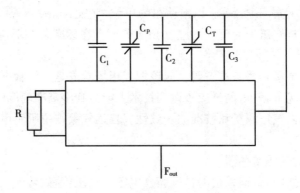

图 3.4　带有 5 个电容器的 RC 振荡器

C_1、C_2、C_3 为参考电容器　　C_T 为温补电容器　　C_P 为压敏电容器

该 RC 振荡器抗电磁干扰,并有良好的时间稳定性。

在快速测量方式下,应用特殊测量算法。在这种方式下,仅气压传感器中压敏电容 C_P 快速连续测量,而三个参考电容器(C_1、C_2、C_3)和温补电容器 C_T 为 30 秒钟更新一次。这是因为在如此短的时间内,参考电容器输出的频率变化是可以忽略不计;同样,在如此短的时间内,气压计内部的温度保持足够稳定,因而温补电容器输出的频率变化也可以忽略不计。这样的快速测量方式每秒可测量 10 次,分辨率可达 1 个脉冲。这种快速测量方式仅用于使用一个气压传感器和双向通信的时候。

我国现用自动气象站气压测量中,使用的是一个气压传感器。

如果要进一步地改善测量的长期稳定性和提高准确度,可在微处理器的控制下,使用 3 个独立的气压传感器,但这样做的价格比较高。在本节的测量原理图中所述的就是这种测压方案。当三个气压测量值相差不大时,用三个气压值的平均值做为测量值;当两个气压测量值相差不大,另一个相差较大时,舍掉差值较大的一个,用两个气压值的平均值做为测量值;当三个气压测量值彼此相差很大时,表明气压测量出现了故障,应及时修理或更换传感器。

该传感器是智能型传感器,用微处理器自动进行压力线性修正和温度补偿。在气压量程范围内有 7 个温度调整点,每个温度点有 6 个全量程压力调整点。所有的调整参数都存储在 EEPROM 中。用户可进行多种使用设置,如:串行总线、平均时间、输出间隔、输出格式、显示格式、错误信息、压力单位、压力分辨率;甚至可以选择不同的上电数据传输方式,如:RUN、STOP、SEND 模式。

它有三种输出方式:软件可选择 RC232C 串行输出;TTL 电平输出;模拟(电压、电流)输出;脉冲输出。

它有两种低功耗工作方式:软件可控的睡眠模式;外部激励触发模式。

3.2.2　振筒式气压传感器

(1)结构

感应器由两个一端密封的同轴圆筒组成。内筒为振动筒,壁厚为 0.075 毫米,用镍基恒弹性合金制成,其弹性模数的温度系数很小($a \leqslant \pm 1 \times 10^{-5}/℃$)。外筒为保护筒。两个筒的一端固定在公共基座上,另一端为自由端。线圈架安装在基座上,位于筒的中央。气压传感器的结构如图 3.5 所示。

(2)工作原理

线圈架上相互垂直地装有两个线圈,其中激振线圈用于激励内筒振动,拾振线圈用来检测

14

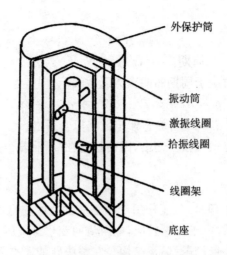

图 3.5　振筒式气压传感器结构图

内筒的振动频率。两筒之间的空间被抽成真空,作为绝对压力标准。内筒与被测气体相通,此时筒壁为作用在筒内表面的压力所张紧,这一张力使筒的固有频率随压力的增加而增加,测出其频率即可知压力。

气压感应器采用轴向振型 $m=1$,径向振型 $n=4$ 的对称模式。由于波形对称,可经受较大的振动而不影响其性能,还能滤掉外来的干扰。在基座上装有测温传感器,测定筒内气温并进行温度修正。振筒的断面呈音叉状,由于和音叉一样,振动的能量很难传到外面去,能得到较高的机械品质因数 Q 值(Q 值$\geqslant 10^4$)。振筒没有支撑点的摩擦,而且只要筒壁应力在弹性限度之内,感应器不会产生残余变形,所以重复性好,迟滞小。

变换器电原理如图 3.6 所示。

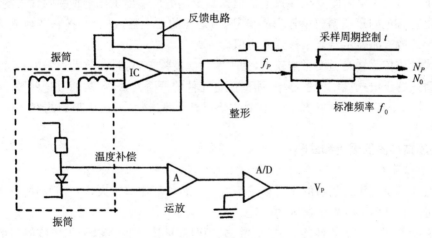

图 3.6　变换器电原理图

拾振线圈上产生的感应电动势经 IC 放大后反馈给激振线圈,使之保持在筒的固有频率上振动。振筒输出的正弦波经整形电路整形后变成规则的矩形波。该输出频率 f_p 在采样周期控制 t 时间内输出脉冲数 N_p。为了提高测量分辨率,用晶振输出高频标准频率 f_o,在同样的采样周期控制的 t 时间内输出脉冲数 N_o,则

$$f_p = N_p/t$$
$$f_o = N_o/t$$

15

$$t = N_o/f_o = N_p/f_p \qquad\qquad (3.2.1)$$

所以 $\qquad\qquad f_p = N_p \cdot f_o/N_o,$

$$周期\ T = 1/f_p = N_o/(N_p \cdot f_o) \qquad\qquad (3.2.2)$$

振筒的工作可用一个压力对应于周期的四次方函数表示,即

$$p = a_0 + a_1 T + a_2 T^2 + a_3 T^3 + a_4 T^4 \qquad\qquad (3.2.3)$$

式中 T 为振筒的周期,系数 $a_0 \sim a_4$ 由静态标定数据拟合得出。

由于该传感器使用的是振动频率输出,因而稳定性高,滞差小,重复性好。其缺点是各传感器之间的互换性差。

3.2.3 压阻式气压传感器

压阻式气压传感器的原理是,气压作用于覆盖有抽空的小盒的敏感元件上,通过它,电阻受到压缩或拉伸应力的作用,由于压电效应,电阻值的变化与气压成正比。

利用压阻(压电)效应测量气压。通常结构是在整块硅基板的柔性表面上形成 4 个电阻,互连成惠斯顿电桥电路。

轴向负载的石英晶体元件用于数字压阻气压表,成为一种绝对气压转换器。选择石英晶体是由于它的压阻特性、稳定的频率特性、小的温度影响及精密的频率复现性。经柔性传压管加到输入口上的压力引起轴向力,导致加到石英晶体元件上的压缩力。因为晶体元件本质上是一个刚性薄片,整个机械结构限制在很小的偏移量之内,从而切实地消除了机械滞后。

上述非常灵敏的惠斯顿电桥或者是由半导体应变片,或者由压阻元件构成。应变片或者是贴在一个薄的圆形膜片上,膜片环绕在应变片的周围,或者是直接逐个原子地扩散到硅膜片上。在用扩散法制作的应变片元件中,硅集成片本身就是感应压力的膜片。所加的压力分散地作用在膜片上,进而,在膜片弯曲应力作用下,使得应变片的应变电阻产生变化,应力变化与应变电阻成正比。应变电阻的变化导致电桥失衡。于是电桥输出正比于加在膜片上的净压差。

从使用直流电的惠斯顿电桥输出的信号,由适当的放大器放大后,把它变换成标准信号。通常用发光管或液晶显示器显示被测气压值。

压阻式气压传感器受温度影响较大,为了消除温度误差,这种传感器通常有内置恒温器。

在最新式的压电式气压传感器中,测出压电元件的两个共振频率,通过这些频率的线性函数关系,以及根据校准获得的一组变量,由微处理器计算出气压,这样得到的气压值不受传感器温度的影响。

3.2.4 气压传感器的误差和缺陷

(1)校准值漂移

校准值漂移是气压传感器的主要误差源之一。新仪器漂移较大,随着时间的推移,漂移逐渐减小。有时校准值会发生步进式的跃变。

为了保持气压表合适的性能,必须经常的、短时间间隔的检查电子气压传感器的修正值,以便及时发现和更换有缺陷的传感器。

(2)温度影响

如果要保持校准值不变,电子气压传感器必须保持温度不变。最好是工作温度在校准温度附近。然而,许多气压传感器没有温度控制,因此有较大误差。大多数仪器靠准确测量敏感元件的温度,然后在电路中对气压进行修正。这里假设气压表的敏感元件内部没有温度梯度。如果温度发生快速变化,温度梯度会导致所测气压的短时间的滞后误差。

校准值的变化与仪器最初的温度状况有关。因此如果仪器长时间置于非校准温度下,能引

起校准值的漂移。

如果气压传感器电路与敏感元件的温度不一样,也会引起误差。在自动气象站中使用气压传感器,有可能遇到极端的气候条件,在这时,环境温度有可能超出设计及校准技术指标规定的温度。

(3)电磁干扰的影响

气压传感器是一种灵敏的测量器件,因此它应该屏蔽并远离强电磁场,如变压器、计算机、雷达等设备。电磁干扰不会经常引起麻烦,但会引起噪声增加,使准确性降低。

(4)运行方式的影响

如果校准时使用的方法与业务使用时的方法不同,也能引起气压传感器校准结果的明显变化。一个连续工作的、经过预热的气压表的读数与每隔几秒钟以脉冲工作方式读得的数是不一样的。

3.3 温度

温度是表示物体冷热程度的物理量,微观上它反映了物体内部分子热运动的激烈程度或平均动能的大小。

假定标准大气压(1013.25 hpa)条件下,气象观测量程有关温标主要参考点有:

冰与空气饱和的水(冰点)间的平衡	273.15K	0.0℃
水的固、液相和气相间平衡(水的三相点)	273.16K	0.01℃
水的气相、液相间的平衡(沸点)	373.15K	100.0℃
固体 CO_2 升华点	194.674K	−78.476℃

常用的温标有绝对温标(K)、摄氏温标(℃)和华氏温标(F)。其中绝对温标的温度称为热力学温度或绝对温度(T),其单位为开尔文(K)。绝对温度与摄氏(t)的关系为:

$$t = T - 273.15 \tag{3.3.1}$$

气象上以摄氏度(℃)为单位,取一位小数。

温度测量通常采取接触式,即将传感器与被测物体(如空气)相接触,当两者经过热量交换并达到热平衡时,具有相同的温度,然后根据传感器输出的信号来确定被测物体的温度。

通常人工观测采用玻璃液体温度表。但作为温度传感器主要有:金属电阻温度表,热敏电阻温度表、热电偶温度表和红外辐射计(非接触式)等。

气象上测量的温度有:近地面气温、地表温度(包括草面与雪面)、地中不同深度的温度、高空温度、特殊情况下还要测定海面和湖面的温度。

3.3.1 铂电阻

金属电阻温度表是利用金属电阻随温度变化的原理制成的温度传感器,电阻与温度的关系为

$$R_t = R_0(1 + \alpha t + \beta t^2) \tag{3.3.2}$$

其中 R_0 为 0℃时的金属电阻,R_t 为温度 t℃时的电阻,α 和 β 为电阻的一次和二次项温度系数。

温度传感器的金属材料选择主要考虑以下几点:①温度一次项系数较大,即灵敏度较大;②电阻与温度关系的二次项系数 $\beta \ll \alpha$;③电阻率大,易于绕制高阻值的元件;④性能稳定。

由于铂金属的物理化学性能稳定,材料易于提纯,测温精确度高,复现性好,因此自动气象站主要采用铂电阻作为测温传感器的材料。它在 0℃时 $R_0=100.0$ 欧,经过标定可得出 α 和 β

17

的值。

(2)铂电阻元件用很细的铂丝绕在云母、石英和其他材料的架上,外涂上防湿、防腐蚀的保护层,用银丝引出,装入金属外套管。为避免电感影响采用双线无感绕法。

(3)铂电阻变换器测量电路的功能,是将随温度变化的电阻值转换为电压信号,测量方法常用恒流源法。其测量原理如图 3.7 所示

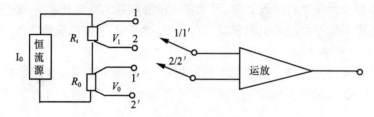

图 3.7 温度传感器测量原理图

在测量时,恒流源 I_0 和运放电路处于稳定状态,通过切换测出铂电阻 R_t 和 R_0(标准电阻)输出的电压值分别为 V_t 和 V_0

$$V_t = I_0 \times R_t \qquad\qquad V_0 = I_0 \times R_0$$

因此:$R_t = R_0 \times \dfrac{V_t}{V_0}$ \hfill (3.3.3)

然后代入 $R_t = R_0(1 + \alpha t + \beta t^2)$ 公式中,最后算出温度 t。

这种测量方法简单、准确并可以消除引线电阻的影响。

3.3.2 热敏电阻

测温用的热敏电阻又称半导体热敏电阻,它的原料是某些金属氧化物的混合物,例如氧化镁、氧化铜、氧化钴和氧化铁的混合物,在高温下烧结而成。这类半导体,其电阻随温度变化的依赖关系,要比金属大得多,故用来作为电阻温度表的敏感元件。

对于气象测定的温度区间来说,热敏电阻的电阻值 R_t 与绝对温度 T 的依赖关系,可以用下式表示:

$$R_t = A e^{\frac{b}{T}}$$ \hfill (3.34)

A、b 是元件系数,A 的大小反应了元件的电阻大小,b 的大小反应了 R_t 对温度的灵敏度。

热敏电阻的温度系数变化很大,为了与金属的温度系数 α 相比较,定义温度改变 1℃所引起的电阻阻值相对变化率为 α_t

$$\alpha_t = \frac{1}{R}\frac{\mathrm{d}R_t}{\mathrm{d}T} = -\frac{b}{T^2}$$ \hfill (3.3.5)

上式说明热敏电阻随温度增加而减小,是负温度系数。α_t 不是一个常数,它随温度变化而剧烈变化,还随半导体材料及热处理过程而不同。

在气象测量范围内,α_t 一般变化于 $1 \times 10^{-2} - 7 \times 10^{-2}$/℃之间

热敏电阻与铂电阻等金属电阻传感器相比,它具有下述优点:(1)有较大的电阻温度系数,灵敏度高;(2)阻值大,可达到 $10^7\Omega$,在远距离测量时,也无需考虑引线电阻和接线方式对温度精确度的影响;(3)由于半导体材料电阻率远高于金属,因此热敏电阻元件尺寸可以做得很小(例如珠状直径≤0.2 mm),不仅热惯性小、响应快。而且对被测环境影响小;(4)价格低。

热敏电阻的主要缺点是非线性大、稳定性不如铂电阻和互换性差,给大多数要求线性输出的仪表 或精密测量的数字显示带来了困难。经过电路的线性化处理,通常采用不平衡电桥测

量,将被测温度转换为模拟电压输出。

3.3.3　温度传感器的热惯性误差

接触式温度传感器必须与被测对象(如空气、土壤)直接接触,通过热量交换达到平衡时,才能使传感器具有被测对象的温度。为了达到这个目的,由热平衡方程可知,要求传感器的热容量尽可能小;而被测物体的热容量尽可能大,这样才能使被所测的温度准确。例如测量空气温度,最好加以通风,使流经传感器的空气量增加。

将温度传感器放入被测对象中,在 $d\tau$ 时间内,传感器从被测对象吸收(或放出)的热量为:

$$dQ = -hS(t-\theta)d\tau$$

式中,t、θ 分别为传感器与被测对象的温度;S 为传感器的散热面积;h 为对流热交换系数;$d\tau$ 为热交换的时间。

传感器得到(或失去)热量后引起增温(或降温)dt

$$dQ = MCdt$$

式中,C 为传感器比热、M 为质量。合并上述两式可得

$$\frac{dt}{d\tau} = \frac{hS}{Mc}(t-\theta) = -\frac{1}{\lambda}(t-\theta) \tag{3.3.6}$$

式中,$\dfrac{dt}{d\tau}$ 为传感器温度随时间的变化率。$\lambda=\dfrac{Mc}{hS}$ 为传感器的热惯性系数,单位为 s。传感器热容量 MC 越大,散热面积 S 与对流热交换系数 h 越小,热惯性系数 λ 越大。热惯性系数 λ 就是前述的传感器的时间常数。

自动气象站测量中,常使用时间常数 λ 较小的温度传感器,因为在几秒钟内气温会连续波动 $1\sim2℃$。因此要得到一个有代表性的纪录,就要求传感器多次采样取其平均值。但时间常数 λ 也不宜过小,适当的 λ 可以自动平滑短周期温度脉动,使温度纪录具有代表性,见图 3.8。

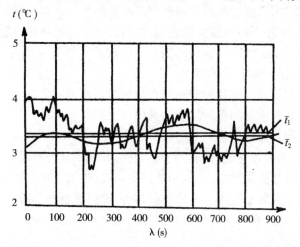

图 3.8　传感器 $\bar{t}_2$ 时间常数 $\gg \bar{t}_1$,自动平滑短周期温度脉动

如果时间常数 λ 太大,在温度发生周期变化时,将导致误差,使得周期变化的振幅变小,位相落后;即极值的较差变小,出现时间落后,见图 3.9

世界气象组织对于地面观测中气温测量传感器的要求为:当通风速度为 5 m/s 时,时间常数 λ 在 $30\sim60$ s 之间。λ 大致与风速的平方根成反比。

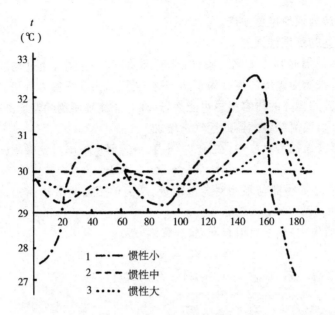

图 3.9　气温呈周期变化,不同 λ 的传感器观测到的温度变化曲线

3.3.4　气温测量中的防辐射设备

为了避开贴地面温度的剧烈变化的影响,世界气象组织(WMO)规定测定空气温度,传感器离地面高度为 1.25～2.0 m 范围,我国规定为离地 1.5 m 高。

自然状况下进行气温的测定,比起实验室里的测量要复杂得多。一方面由于自然情况变化不定,另一方面,仪器的存在也不同程度上破坏了自然状况,使得观测结果不能完全反映真实的自然状态。

对于气温的测定,要求传感器只能与空气进行热交换,但由于太阳的直射辐射、地面的反射辐射,以及其他类型的天空辐射和长波辐射等的辐射热也介入到与传感器进行热交换,将使得传感器指示的温度与实际气温有较大的差别。在白天日射强时将使传感器温度远高于气温,在极端条件下,其差值可达到 25℃,夜间则偏低。因此减小辐射误差是气温观测中的关健问题。防止辐射误差的方法有以下几种:

屏蔽,使太阳辐射和地面反射辐射等不能直接照射到传感器上。

增加反射率,使到达传感器的各种辐射大部份被反射掉。

人工通风,使传感器加速热交换。

采用极细的金属丝做为传感器,既有利于热交换,又提供良好的反射面。

上述四种方法中,屏蔽法简单易行,使用最广泛;其次是人工通风法,不过人工通风法多在一定屏蔽条件下进行,如通风干湿表。不论屏蔽与否,使传感器和屏蔽外表面都应具有较高的反射率。细金属丝只在特殊观测中使用。自动气象站常用的防辐射设备有以下两种:

(1)百叶箱

百叶箱是安装温、湿度仪器用的防护设备。它的内外部分应为白色。百叶箱的作用是防止太阳对仪器的直接辐射和地面对仪器的反射辐射,保护仪器免受强风、雨雪等的影响,并使仪器感应部分有适当的通风。

百叶箱(见图 3.10)通常由木质或玻璃钢两种材料制成,确定箱壁两排叶片与水平面的夹角约为 45°,呈"人"字形,箱底为三块平板中间一块稍高,箱顶为两层平板,上层稍向后倾斜。

百叶箱分为大小两种:小百叶箱,用于安装干球和湿球、最高、最低温度表、毛发湿度表;大百叶箱,用于安装温度计、湿度计或铂电阻温度传感器和湿敏电容传感器。

新研制的玻离钢百叶箱,尺寸与大百叶箱相近,它具有机械性能好、牢固、寿命长、热容量小、维护使用方便等优点。

百叶箱要保持洁白,木质百叶箱视具体情况每一至三年重新油漆一次;内外箱壁每月至少定期擦洗一次。寒冷季节可用干毛刷刷拭干净。清洗百叶箱的时间以晴天上午为宜。在进行箱内清洗之前,应将仪器全部放入备份百叶箱内;清洗完毕,待百叶箱干燥之后,再将仪器放回。清洗百叶箱不能影响观测和记录。

安装气象自动站温湿传感器的百叶箱不能用水洗,只能用湿布擦拭或毛刷刷拭。百叶箱内的温湿传感器也不得移出箱外。冬季在巡视观测场时,要小心用毛刷把百叶箱顶、箱内和壁缝中的雪和雾淞扫除干净。

由于百叶箱的存在,破坏了空气流通的自然状况,根据实验资料箱内平均风速只有箱外风速的1/3左右。加上箱壁对太阳辐射还有一些吸收作用,因此日射强、静风的白天百叶箱内温度要高于真实气温,而在晴朗静风的夜晚箱内温度略低。在极端情况下分别能达到+2.5℃和-0.5℃。下雨之后,由于潮湿,百叶箱的蒸发冷却也可引起附加误差,这种误差对测定空气湿度影响较大。有的百叶箱安装有人工通风装置,以减少自然通风不足造成的误差。但要注意不要使风扇和马达的热量影响百叶箱内温度。

(2)防辐射罩

防辐射罩是利用自然通风的轻便防辐射装置,其结构简单,主要在野外考察等使用。其结构如图3.11所示:

罩的上板为伞形金属薄板,下板为金属平板与伞形板相连,金属板外侧镀铬具有良好反射率,向内的一面涂黑,以便吸收罩内层的辐射,使其不能反射到传感器上。两块金属板之间嵌有两块透明的有机玻璃,传感器就安置在它们之间的夹层中,板的作用是为了隔绝金属板上的热对流。

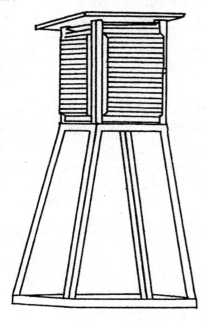

图 3.10 百叶箱

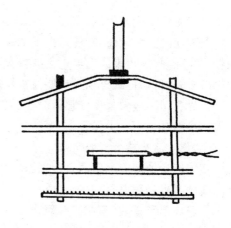

图 3.11 轻便防辐射罩

当日出、日落时,太阳高度角较低,太阳辐射可直接照射到传感器上,为此,可在向阳一侧加一旁罩,使影子恰能遮住传感器。

实践证明:防辐射罩性能不如百叶箱,在特殊条件下,用防辐射罩与百叶箱同时进行气温测量相差可达 2～3℃,应引起注意。

3.3.5　地表温度的测量

(1)地表温度测量的复杂性

地表温度也称下垫面温度,它包括土壤表面温度、雪面温度和草面温度。理想情况测量地表温度,只能与土壤表层进行热交换。实际它的测量要比空气温度测量复杂。

图 3.12 是在中国气象科学研究院大气探测所楼前观测场,进行试验得出贴地层温度分布,从图中可见

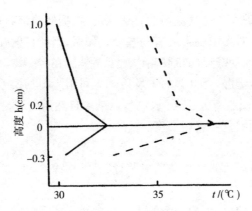

图 3.12　贴地层温度分布(1993 年)

实线:9 月 14 日 14 时(球部无光照);点划线:9 月 18 日 11 时(球部有光照)

纵坐标,1.0 和 0.2 分别代表离地 1 cm 和刚离地温度表球下部高;

0 和 0.3 分别为 0 cm 接触式温度表球下部位置和 0 cm 半埋式温度表球下部深度

①地表面及贴地层的温度梯度往往很大,要使传感器只与土壤表面进行热交换,而不受地表面以下土壤及以上贴地层空气的影响是不可能的。

②防辐射问题不能用遮蔽阳光的方法,否则遮蔽处的热交换状况与周围地表将有所不同,而不加遮蔽则阳光直射造成辐射误差影响更大。

③即使同一块地面(裸地),由于地表不同部位的物理、化学性能的差别以及平整度和土壤颗粒大小不同,测出来的温度也会有较大的差别。因此测量土壤表面温度理想的仪器是非接触式的红外辐射计,但红外辐射计要经常校准。

世界各国对地表温度传感器的安装方法不尽相同,有的将传感器直接放在地面;有的将传感器一半埋在地中一半暴露在空气中;还有的则不进行土壤表面温度观测。

(2)地表温度传感器的使用

我国测量地表温度用两个传感器,一个测定土壤表面温度,另一个测定草面温度或雪面温度。传感器也是铂电阻。

平时观测草温,当有积雪掩没草层时,将传感器小心移至雪面上,(也应一半埋在雪中,一半露出雪面)。这时观测雪面温度,并在备注栏注明。积雪溶化后继续观测草温。

观测场无草层的台站,应照常观测,观测的是离地表 6 cm 的空气温度。

当草株高于 10 cm 时,应修剪草层高度。

观测雪面温度时,如雪层发生变化,应在巡视时将传感器重新置于积雪表面。

3.3.6　地中温度的测量

测量地中温度相对比较容易和准确。因为温度传感器埋入地中只与周围土壤进行热交换,不受其他条件影响,同时深度越深地中温度变化越缓慢。

地中温度测定分浅层地温和深层地温两种。也是采用铂电阻传感器,浅层地温包括深度为 5 cm、10 cm、15 cm 和 20 cm 四个传感器;深层地温包括深度为 40 cm、80 cm、160 cm 和 320 cm 四支传感器,为维护方便通常放在专用的套管内。

应经常注意检查深层地温套管内是否有积水,如有积水,应用头部缚有棉花或海棉的长杆捅入管内将水吸干。若管内经常积水,则应查明原因,视情况进行修理或更换专用套管。

3.4　湿度

空气湿度是表示空气中的水汽含量和潮湿程度的物理量。

地面观测中观测的湿度量主要有:

水汽压(e):空气中水汽部份作用在单位面积上的压力,以百帕(hpa)为单位,取一位小数。

相对湿度(U):空气中实际水汽压与当时气温下的饱和水汽压之比。以百分数(%)表示,取整数。

$$U = \frac{e}{E_w} \times 100\% \qquad (3.4.1)$$

式中,E_w 饱和水汽压:在一定温度下,空气中的水汽与相毗连的水或冰平面处于相变平衡时湿空气的水汽压。

露点温度(T_d):空气在水汽含量和气压不变的条件下,降低气温达到饱和时的温度。以摄氏度(℃)为单位,取一位小数。

测定空气湿度的方法与传感器主要有:

称重测湿法:主要用于国家计量标准中心对参考标准器进行校准。

冷镜法即露点或霜点温度计:可用于观测或作为工作标准、参考标准器等。

干湿球法主要用于台站测湿传感器,也常作为工作标准器。

利用溶液浓度随湿度变化进行测定湿度的方法,如氯化锂测湿法,主要用于自动测量上。

利用吸湿材料(肠衣、毛发等)尺度随湿度变化测定湿度。主要用于地面与高空探测上。

湿敏电阻和湿敏电容传感器,主要用于自动测量上。

3.4.1　高分子薄膜湿敏电容

(1)原理与结构

高分子薄膜湿敏电容是具有感湿特性的电介质,其介电常数随相对湿度而变化,它主要用在自动气象站与探空仪中做为湿度传感器。

高分子薄膜湿敏电容的 结构如图 3.13 所示:

感湿部分平铺在一片玻璃基片(a)上,在基片上真空喷涂一层金属膜作为电容器的基底电极(b),然后在基底电极上均匀喷涂 $0.5 \sim 1 \ \mu m$ 厚的吸湿材料——醋酸纤维素(c),最后在吸湿材料上真空喷镀上表面电极(d),表面电极的厚度为 $0.02 \ \mu m$,保证水汽分子能通过表面电极渗透进入吸湿层。

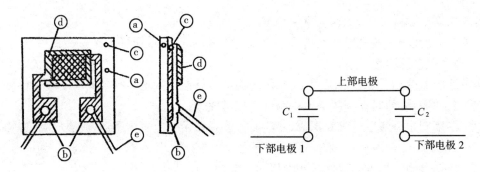

图 3.13 湿敏电容结构 图 3.14 湿敏电容的等效电路

在外界相对湿度变化时,作为感应膜的高分子聚合物能对水汽分子进行吸附和释放,其介电常数 ε 随之变化,促使湿敏电容量发生变化。为避免在极薄的表面电极上焊接引线,两根引线均从基片电极引出。元件等效为两个电容串联。如图 3.14 所示。

$$C = \frac{C_1 \times C_2}{C_1 + C_2} \tag{3.4.2}$$

在相对湿度 $U=0\%$ 时,其电容量为 44 ± 4pF。相对湿度增加到 $U=100\%$ 时,电容量增加为

$$\Delta C/C = 30\% \sim 35\%$$

湿敏电容湿度传感器中的变换器如图 3.15。它由湿敏电容、信号变换器电路,工作电源及信号放大电路组成。湿度变化引起湿敏电容的电容变化,由信号变换电路将电容的变化变换为电压信号。当相对湿度由 0%~100%变化时,信号变换电路输出 0~100 毫伏电压,经放大后得到 0~1 伏或 0~5 伏的电压,输出给测量及控制系统。

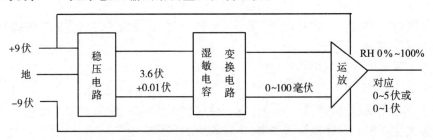

图 3.15 湿敏电容测量相对湿度的电原理图

(2)使用与维护

湿敏电容 感应器外有一层过滤膜保护,防止感应元件被尘埃污染。每月应拆开传感器头部,检查过滤膜污染情况。若污染严重应更换新的过滤膜。禁止用手触摸湿敏电容,以免影响正常感应。

湿敏电容不能长期暴露在含有某些化学物质的气体中,否则可能改变它的性能,缩短使用寿命。

湿敏电容传感器的校准通常每年进行一次或多次。利用两种不同的恒湿盐,在相对湿度约为 10%和 80%两点,调整电位器输出,以保证测量的精度。

(3)湿敏电容测湿的误差

湿敏电容具有较好的线性度,温度系数小,响应速度快。在相对湿度 80%以下测湿的精度为 3%左右。在−10℃以下,它比毛发表测湿准确。但在高湿时误差较大,尤其是长时间在高温

高湿环境中使用,误差更大。

此外,还有怕污染,使用寿命短(1年)等缺陷。

3.4.2 干湿球传感器

(1)干湿球测湿原理

干湿球测湿是气温在-10℃以上精确度较高的一种方法,采用两支规格完全相同的温度传感器如铂电阻、热敏电阻(或水银温度表),一支作为干球,另一支用蒸馏水湿润的纱布包扎作为湿球。测量时对湿球进行通风。其结构如图3.16所示:

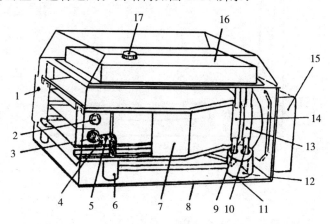

图3.16 通风干湿球传感器结构图

1.外通道活动板 2.干球铂电阻 3.湿球铂电阻 4.内通道 5.湿球纱布套
6.小水杯 7.外通道 8.外壳 9.气管 10.水管 11.放水嘴 12.下水槽
13.水管上胶管 14.气管上胶管 15.电机 16.储水槽 17.上水口盖

干球用来测定空气温度(t),湿球用来测定蒸发面的温度($t\omega$)。当空气中水汽未达饱和状态时,湿球表面水分不断蒸发,由于消耗蒸发潜热($Q1$)使湿球温度下降低于气温,周围空气以对流方式向湿球输送热量($Q2$),在$Q1=Q2$时,达到平衡,湿球温度维持稳定不再下降。根据当时的干球温度t与湿球温度t_ω,按下式求出水汽压e

$$e = E_{t\omega} - AP_h(t - t_\omega) \tag{3.4.3}$$

式中:$E_{t\omega}$为湿球温度下的饱和水汽压;P_h为本站气压;

A为干湿表系数。

由于A值涉及到湿球球部与周围空气的水分交换和各种方式的热交换,根据大量试验结果指出,A值主要受风速影响。A值随风速增大而减小,当风速>2.5 m/s后,A值变化较小,逐渐趋近临界值。在2.5~6 m/s范围内,A值平均约为6.6×10^{-4}℃$^{-1}$,图3.17为我国HM5型百叶箱通风干湿表的A值与风速的关系曲线。当湿球结冰时,水的汽化潜热L变为冰的升华潜热L_i,L_i显著增加,使A_i值明显偏小,结冰时

$$A_i = \frac{L}{L_i}A = \frac{597.3}{677.3} = 0.882A \tag{3.4.4}$$

此外,A值还与温、湿度,以及湿球的形状、尺寸等有关。

(2)湿球温度表的使用

湿球温度表的纱布通过毛细管的作用将下部水杯中的蒸馏水吸引到球部。湿球纱布要保持清洁湿润。换湿球纱布时,要把湿球取下,剪下旧纱布,按规范要求换上新纱布并包裹好。

25

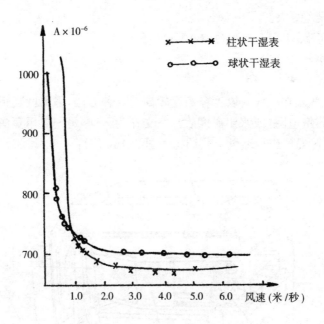

图 3.17　A 值与通风速度关系曲线

(3)干湿球测湿的误差

主要决定于 t、t_ω 的精度与 A 值是否稳定。

表 3.1　不同气温下,干球或湿球温度误差 0.1℃,引起相对湿度的误差

$t/℃$	-30	-20	-10	0	15	30
$\Delta U\%$	±18	±8	±4	±2	±1	±1

因此,气温−10℃以下,改用其他仪器测湿度。

为使干湿表系数 A 值稳定,需采用人工固定通风,WMO 要求湿球应进行 2.5～10 m/s 的通风。

我国气象台站普遍采用不通风的百叶箱干湿表测定空气湿度。根据我国气候特点全国平均风速状况,经过研究确定采用百叶箱内平均风速为 0.4 米/秒,球状干湿表 $A_球=0.857\times10^{-3}(℃^{-1})$;柱状干湿表 $A_柱=0.815\times10^{-3}(℃^{-1})$ 较为合适。

但是,1951 年至 1953 年间,全国统一采用美国(1941 年)手摇干湿表的系数 $A_美=0.000660(1+0.00115t_\omega)$,当时并未考虑到该系数适用于通风速度>4.6 米/秒的情况,比我国实际的 A 值(通风速度为 0.4 米/秒)要偏小 23%左右,因此这期间,由于采用美国的 A 值的结果,将使台站的相对湿度值普遍偏大 1%～12%左右。

1954 年至今,全国统一改用前苏联小型百叶箱干湿球温度表系数(箱内平均风速为 0.8 米/秒)$A_苏=7.947\times10^{-4}(℃)^{-1}$. 比我国实际的 A 值还是偏小 8%左右,造成相对湿度普遍偏大 1%至 5%左右。

3.5　风

风是由许多小尺度的脉动,叠加在大尺度规则气流上的三维矢量。但在气象学上,却把空气的水平移动叫作风,即把它作为二维矢量来考虑。由两个参数来确定,即风速(风矢量的模数)和风向(风矢量的幅角)。

风向是指风的来向,自动观测时风向以度(°)为单位。

风向符号与度数对照表如下:

表 3. 2　风向符号与度数对照表

方位	符号	中心角度/°	角度范围/°
北	N	0	348.76～11.25
北东北	NNE	22.5	11.26～33.75
东北	NE	45	33.76～56.25
东东北	ENE	67.5	56.26～78.75
东	E	90	78.76～101.25
东东南	ESE	112.5	101.26～123.75
东南	SE	135	123.76～146.25
南东南	SSE	157.5	146.26～168.75
南	S	180	168.76～191.25
南西南	SSW	202.5	191.26～213.75
西南	SW	225	213.76～236.25
西西南	WSW	247.5	236.26～258.75
西	W	270	258.76～281.25
西西北	WNW	292.5	281.26～303.75
西北	NW	315	303.76～326.25
北西北	NNW	337.5	326.26～348.75
静风	C	风速小于或等于 0.2 m/s	

风速是指单位时间内空气移动的水平距离。风速是以米/秒(m/s)为单位,取 1 位小数。最大风速是指在某个时段内出现的最大 10 分钟平均风速值。极大风速(阵风)是指某个时段内出现的最大瞬时风速值。瞬时风速是指 3 秒钟的平均风速。

风的平均量是指在规定时间段的平均值,有 3 秒钟、1 分钟、2 分钟、10 分钟的平均值。

自动观测时,测量平均风速、平均风向、最大风速、极大风速。

在大气的近地面层,气流带有湍流性质,风场结构的湍流性质,导致风参数的空间——时间分配的复杂性。测量表明,在大气不稳定层结的条件下,在相距几十米的两点上,风速的瞬时值,能相差 10 m/s;在空间的同一点上,在几秒钟的时间内,瞬时风速的变化,能达到同样的量级。所以对测风仪器而言,应着眼于风的时间上的易变化性。因为测风仪器通常是固定安装的,而其尺寸,即使对于小尺度的湍流而言,也是很小的。

这样,在测量风的参数时,就既要测量其瞬时值,又要测量其平均值。两者是相对的。如上所述,所谓平均值,是指在一定的时间段内的平均,而瞬时值则是在一个相当短的时间段内的平均。

风传感器的种类较多,真正得到应用的有:

(1)利用动、静压差的风压型传感器;

(2)利用被加热物体的冷却强度与空气流动速度之间关系的热传感器;

(3)基于超声波传播的速度与空气流移动速度之间关系的声学传感器;

(4)利用霍尔效应的原理研制的风传感器;

(5)利用空气流的空气动力,使自由架设或被弹性元件制动的物体偏转的制动式传感器;

(6)利用空气流的空气动力,使风敏元件旋转的旋转式传感器;

与上述各种传感器相比,旋转式传感器具有如下优点:

(1)在各种天气条件下工作的高度可靠性;

(2)风敏元件的轴上能产生较大的转矩,便于使用各种一次转换器;

(3)风速的平均比较简单;

(4)风速与风敏元件旋转的角速度之间为线性关系;

(5)生产成本相对较低。

因此,旋转式风传感器是迄今为止唯一得到广泛应用的风传感器。

在旋转式风传感器中,有风杯式和螺旋桨式两种。螺旋桨式风传感器的机体呈流线型,与飞机的机身相似。其风敏元件是螺旋桨,安装在传感器的前部。单叶风向标安装在传感器的尾部。在风场中,风向标用来感应并对准风向,螺旋桨则用来感应风速的大小。

风杯式风传感器与螺旋桨式风传感器在性能方面的比较:

(1)在风杯的断面总面积和螺旋桨叶的总面积相等,力的作用半径也相同的情况下,螺旋桨的力矩为风杯力矩的 1.5 倍。所以螺旋桨的效率大于风杯的效率;

(2)螺旋桨式仪器的刻度,几乎与雷诺数 Re 无关,所以在湍流中工作时,线性和稳定性都比较好。而风杯受 Re 的影响较大,而且风杯本身就是空气流的扰动源。实验表明,风杯式仪器的读数,随乱流的强度而变化,这是风杯式传感器的严重缺点;

(3)螺旋桨叶轮的距离常数与桨叶数无关,而风杯则不然;

(4)在同样条件下,螺旋桨叶轮所造成的气流平均速度的偏高,比风杯式的小 1.4 倍;

(5)螺旋桨式叶轮在风为正或负的阵性时,其效率差不多,而风杯叶轮则以较高的效率感应递增的风速,对递减的风速感应效率较低;

(6)使用螺旋桨式风传感器时,由于其风向标的摆动不能精确地对准风向,因而产生侧面分量,会部分地降低平均风速,这可以认为是有益的因素;

(7)螺旋桨的技术要求比风杯严格,制造工艺也较风杯复杂,所以成本比风杯高得多。

总之,螺旋桨的理论和实验特性均好于风杯。但出于性能价格比的考虑,人们往往选用后者。

3.5.1 三杯式风传感器的主要性能参数

表 3.3　三杯式风传感器的主要性能参数

类型	测量范围	准确度	时间常数
长臂单叶风向传感器	0~360°	5°	1s
三杯风速传感器	0~75 m/s	$(0.5\pm0.03V)$m/s $(0.3\pm0.03V)$m/s 基准站	1s

3.5.2 风传感器的动特性简介

（1）风向传感器的动特性

图3.18为风速为V，风向与风向标的失配角度为φ的气流中，风向标的受力情况。风作用到尾叶上的气流速度为$V\sin\varphi$（φ角小于30°时，可认为$\sin\varphi=\varphi$，误差不大于5%），造成的力矩M_c为恢复力矩。

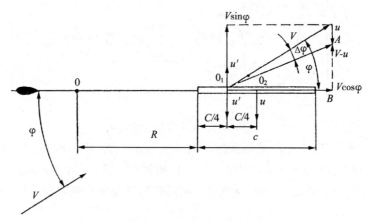

图3.18　作用到风向标上的速度的矢量图

$$M_c = a_v \frac{\rho}{2} SV^2 (R + \frac{c}{4}) \sin \varphi \tag{3.5.1}$$

式中，a_v是与尾叶形状有关的系数，S为尾叶面积，$(R+C/4)$为空气动力力臂。

当风向标顺着风向向平衡位置运动时，φ角和M_c将变化，在旋转过程中，产生阻力（阻尼）力矩M_d，对力矩M_c起着反作用。

$$M_d = a_v \frac{\rho}{2} SV (R + \frac{c}{4})(R + \frac{c}{2}) \frac{d\varphi}{dt} \tag{3.5.2}$$

作用到风向标上的空气动力矩Ma，是Mc与Md共同作用的结果，所以

$$Ma = a_v \frac{\rho}{2} SV^2 (R + \frac{c}{4}) \left[\varphi - (R + \frac{c}{2}) \frac{d\varphi}{dt} / V \right] \tag{3.5.3}$$

风向标属于二阶动力学系统，这一系统对外部扰动的反应，取决于外力的大小和形式；输出信号（仪器的示值）的一次导数和二次导数。这一环节可用二阶微分方程来描述：

$$T_2^2 \frac{d^2\varphi}{dt^2} + T_1 \frac{d\varphi}{dt} + \varphi = f(t) \tag{3.5.4}$$

式中$f(t)$是外部作用的函数，T_1和T_2是时间常数，φ是仪器示值。如外部扰动为阶梯形式，该式的解为

$$\varphi = \varphi_0 \left[1 - e^{-\frac{t}{T_k}} (\cos\omega t + \frac{1}{T_k\omega} \sin\omega t) \right] \tag{3.5.5}$$

这一方程描述的是阻尼周期振动。式中T_k和ω分别是衰减过程的时间常数和阻尼振动的频率。

$$\varphi = \varphi_0 e^{-t/T_k}$$

是衰减振动的包络线见图3.19。

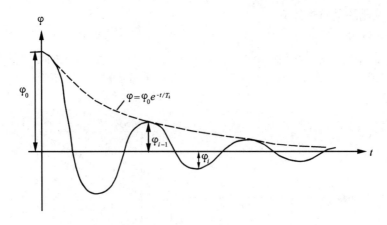

图 3.19 风向标的过渡过程

在 $t=T_k$ 的情况下,振动的初始振幅 φ_0 减小 e 倍,$t=2T_k$ 减小 86%,$T=3T_k$ 时减小 95%。T_k 乘以风速 V,即为稳定风程 L_k(即风向标的距离常数),它是气流与风向标方向的初始失配减少 e 倍,风所走过的路程。T_k 和 L_k 决定着风向标对外部的反应速度。T_k 和 L_k 越小,风向标越能准确地测定风向。

风向标的阻尼系数 $\xi=T_1/2T_2$。当 $\xi<1$ 时,产生振荡过程,$\xi>1$ 时,产生非周期过程,$\xi=1$ 时,为临界阻尼,这时产生从振荡过程向非周期过程的过渡。空气动力阻尼对临界阻尼之比叫阻尼比,阻尼比也是衡量风向标动特性的重要指标。WMO 指出,阻尼比以 $0.3\sim0.7$ 之间为好,太小会产生过振,太大则对风向变化的响应太慢,T_1、T_2 可由风向标的尺寸参数和用材的质量求得。

(2)风速传感器的动特性

在一定的风力之下,风杯受到空气动力力矩的作用,风杯式叶轮开始旋转。图 3.20 为三杯式叶轮在风速为 V 的气流中的瞬间位置。杯子中心旋转的线速度为 $v=\omega r$,其中 r 是杯子中心的旋转半径,ω 是角速度。杯子跟气流的相互作用,和一个其方向与矢量 ωr 方向相反大小相等的气流 $-v$ 的作用是等价的。U 为相对速度,是 V 与 $-v$ 的几何和。

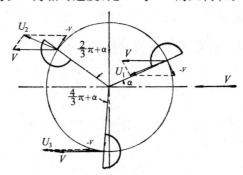

图 3.20 在风速为 V 的气流中,风杯的受力情况

以第一个杯子为例,气流作用到杯子切口平面法线方向的空气动力压力为

$$P_1 = \frac{\rho}{2}sc_1(V\sin\alpha - \omega r)^2$$

式中,ρ 为空气密度,S 为杯子切口平面的面积,c_1 为风杯凹面的阻力系数,$(V\sin\alpha-\omega r)$ 为 U_1 在风杯旋转线速度方向上的投影。作用到第一个杯子切口的空气动力力矩为

$$M_1 = r \frac{\rho}{2} sc_1 (V\sin\alpha - \omega r)^2$$

三杯叶轮所受力矩应当是三个杯子所受力矩的代数和,在力矩方程式中,对于每一个杯子来说,力矩的值在相位上移动一个角度$\left[\alpha + \frac{2\pi}{n}(K_i - 1)\right]$,其中 n 为杯子数,K_i 为杯子的顺序号码。三杯叶轮的力矩方程式,由此可以得出为

$$M_a = r \frac{\rho}{2} s \left\{ c_1 \left\{ (V\sin\alpha - \omega r)^2 + \left[V\sin\left(\frac{2\pi(K_i - 1)}{n} + \alpha \right) - \omega r \right]^2 \right\} \right.$$

$$\left. - c_2 \left[V\sin\left(\frac{2\pi(K_i - 1)}{n} + \alpha \right) + \omega r \right]^2 \right\} \tag{3.5.6}$$

把 $n = 3$ 和顺序号码 K_i 代入后,得到

$$M_a = r \frac{\rho}{2} s \left\{ c_1 \left[(V\sin\alpha - \omega r)^2 + V\cos(\alpha + 30°) - \omega r)^2 \right] \right.$$

$$\left. - c_2 \left[V\cos(\alpha - 30°) + \omega r \right]^2 \right\} \tag{3.5.7}$$

式中 C_2 为杯子凸面的阻力系数。

在叶轮稳定旋转时,气流速度为 V_0,杯子的线速度为 $\omega_0 r$,$V_0 / \omega_0 r = 6$,6 叫风速表系数。它表示风杯的线速度比风速小若干倍。如 n_0 为叶轮每秒钟的转数,则 $n_0 = \omega_0 / 2\pi$,把 $\omega_0 = V_0 / r6$ 代入,我们得到 $n_0 = V_0 / 2\pi r6$。

图 3.21 为 $6(V)$、$n(V)$ 特性曲线。从 $6 = V_0 / V_0$ 可知,在 $V_0 = 0$ 时,$6 \to \infty$。由于叶轮轴存在摩擦力矩和一次转换器的负载力矩,所以 $n(V)$ 曲线并不通过坐标原点。换句话说,只是在气流速度为某一个一定的值时,叶轮才开始旋转。这时,空气动力力矩等于摩擦力矩和负载力矩之和,风杯开始旋转时的气流速度的数值,叫做叶轮的灵敏度阈,或称做风速计的初始灵敏度,用 V_{in} 表示。$n(V)$ 曲线的非线性区是不稳定的,因为它与使用过程中摩擦力矩的变化有关。所以选择风速测量的下限,应比 V_{in} 大 $1.5 \sim 2$ 倍。

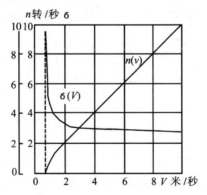

图 3.21 风速表系数(6)、风杯式叶轮转数(n)
与气流速度(V)的关系曲线

风杯式叶轮属于非周期环节,即一阶动力学系统。这一系统对外部扰动的反应,仅仅取决于输入信号(风速)的大小和形式以及输出信号(仪器示值)的一次导数。从数学上说,一阶动力学系统可以用一阶微分方程来描述

$$T \frac{d\omega}{dt} + \omega = f(t) \tag{3.5.8}$$

31

式中$\frac{\mathrm{d}\omega}{\mathrm{d}t}$为仪表示值的变化速率，$T$为时间常数，$f(t)$为外部的作用，$\omega$为仪表的示值。如果$f(t)$具有阶梯形式，上式的通解为

$$\omega = kV_0(1 - e^{-t/T}) \qquad\qquad (3.5.9)$$

在$t\to\infty$时，$kV_0\to\omega_0$所以右式可写成

$$\omega = \omega_0(1 - e^{-t/T}) \qquad\qquad (3.5.10)$$

式中ω_0为仪表的稳定示值。

如果e的幂数乘以V_0/V_0（V_0为稳定的风速值），则V_0t就是时间t里面的风程，而$V_0T=L$，则是同步风程（即风杯的距离常数）。即为使叶轮的旋转速度变化e倍，气流相对叶轮所走过的路程。于是上式可写成

$$\omega = \omega_0(1 - e^{-V_0t/L}) \qquad\qquad (3.5.11)$$

这个解的图形如图 3.22 所示。从图可知，在风走过L的时间里，仪表示值达到$0.63\omega_0$，$2L$时示值为$0.86\omega_0$，在$3L$时，示值为$0.95\omega_0$。

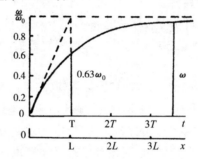

图 3.22　仪表示值与风程相关图

T和L的值越小，叶轮的惯性越小，测量得越准确。

用解析的方法，我们可以得到表达风杯式叶轮动特性的另一个微分方程式，即：

$$\frac{\mathrm{d}v}{\mathrm{d}t} + \frac{1}{L}Vv - \frac{1}{L}V^2 = 0 \qquad\qquad (3.5.12)$$

在风速做阶梯变化，即$V = \begin{cases} V_0 = const & t \geqslant 0 \\ V_1 \leqslant V_0 & t < 0 \end{cases}$的情况下，该微分方程的解为：

$$V_0 - v = (V_0 - v_1)e^{-V_0t/L} \qquad\qquad (3.5.13)$$

式中V为风速，v为风速计的示值，v_1是$t=0$时的风速计示值。

图 3.23 是按上式，对叶轮加速和制动的情况进行计算画出的曲线。对于具有距离常数$L_1=1$米和$L_2=5$米的两个风速计进行了计算。此例对两种情况做了计算，即在加速时风速从 1 米/秒跳变到 3 米/秒，在制动时，从 3 米/秒跳变到 1 米/秒。

图中实线相当于叶轮加速，而虚线是制动情况下的曲线。从图可知：

a. 随着距离常数的减小，叶轮感应气流速度新的数值所需要的时间也减少了。

b. 叶轮感应气流速度的增加，要比感应速度减小来得快。

由于风杯式叶轮对气流速度的突变，在增加和减少的方向上，其感应是不对称的，以致造成平均风速的偏高。

图 3.24 是在具有风速"矩形"脉动的气流中叶轮的工作情况。对于加速（AB 段）和制动

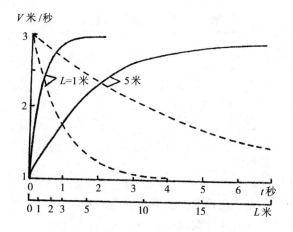

图 3.23　同步风程不同的叶轮的加速和制动

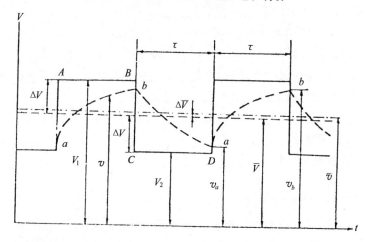

图 3.24　在具有风速《矩形》脉动的气流中叶轮的工作

(CD 段),我们利用前述公式,就可得到直角波各段上,时间 t 满后,风速计值的表达式。

AB 段　　　　　　$v = V_2 - (V_2 - v_a)e^{-V_2 t/L}$ 　　　　　　　　(3.5.14)

CD 段　　　　　　$v = V_1 - (V_1 - v_b)e^{-V_1 t/L}$ 　　　　　　　　(3.5.15)

式中 v_a、v_b 是 $t=0$ 时仪器的初始值;$V_1 = \overline{V} + \Delta V$;$V_2 = \overline{V} - \Delta V$($\Delta V$ 是脉动气流的振幅)。把上面两式相加,并在 $0 \sim 2\tau$ 的周期 AD 里,对其进行积分,我们得到仪器示值的平均值。

$$\overline{v} = \frac{1}{2\tau} \left\{ \int_0^{\tau} \left[V_2 - (V_2 - v_a)e^{-V_2 t/L} \right] dt + \int_0^{\tau} \left[V_1 - (V_1 - v_b)e^{-V_1 t/L} \right] dt \right\} \quad (3.5.16)$$

经过繁复的简化推导和计算,最后得到

$$\overline{v} = \overline{V} + 2 \left(\frac{\Delta V}{\overline{V}} \right)^2 \frac{L}{\tau} \frac{1 - e^{-\overline{V}\tau/L}}{1 + e^{-\overline{V}\tau/L}} \quad (3.5.17)$$

从该式可见,用风杯式风速计测得的风速平均值,比算术平均值大一个(3.5.17)式中的第 2 项。因为 $e^{-\overline{V}\tau/L} < 1$,所以上式右面部分的第二项永远为正。下表是在 $\Delta V / \overline{V}$ 等于 1/10、1/3 和 1/2 的情况下,平均风速偏高误差的计算结果。$\overline{v}\tau/L$ 一个把叶轮的动特性和脉动气流特性联系起来的综合系数。

33

表 3.4　风速偏高的误差 δ(%)

	$\overline{v}\tau/L$						
	100	10	5	2	1	0.5	0.1
1/10	0.02	0.20	0.36	0.76	0.93	0.98	1.00
1/3	0.25	2.50	4.23	8.72	10.40	10.90	11.10
1/2	0.48	4.97	9.86	10.26	23.10	24.50	25.00

3.5.3　风传感器的一次转换器

对一次转换器的要求如下:

(1)转换器加在叶轮轴和风向标轴上的载荷应最小;

(2)转换器的转换函数与风速风向的关系应为线性;

(3)其输出量应便于转换成被测参数的物理量;

(4)转换器造成的误差应最小;

(5)对外部的干扰应该稳定,其本身不应成为干扰源;

(6)结构尽可能简单。

可作为风向一次转换器的器件有:电接点方位环、双电位器、自整角机、格雷码盘等。格雷码盘全面符合上述要求,因此广泛用于风向传感器。

可作为风速一次转换器的器件有:测速发电机、干簧、接点、霍尔元件、多齿光盘等。其中多齿光盘被广泛用于风速传感器。

3.5.4　风传感器的具体结构

(1)风向传感器

图 3.25 所示为七位格雷码盘。

格雷码盘可将风向标轴的转动角度的度数变换成二进制的数字信号。但由于通用的二进制编码方法有一定的缺点,因此,目前都改用了一种格雷码的体制。下面举出十进制与通用二进制码以及格雷码的转换关系。见表3.5。格雷码的最大优点是每进一位只有其中的一位数发生 0 与 1 之间的变化,因此即使发生了误读也只会产生一位码的误差,这对保证测量风向的精度是大有好处的。

图 3.25　七位格雷码盘

表 3.5　十进制与通用二进制码以及格雷码的转换

十进制	0	1	2	3	4	5	6	7	8	9
二进制(C_n)	0000	0001	0010	0011	0100	0101	0110	0111	1000	1001
格雷码(R_n)	0000	0001	0011	0010	0110	0111	0101	0100	1100	1101

从表中可以看出二进制码 C_n 与格雷码 R_n 之间的关系：

$C_n = R_n$,

$C_{n-1} = R_n \oplus R_{n-1}$,

$C_{n-2} = R_n \oplus R_{n-1} \oplus R_{n-2}$,

……

其中符 $\oplus$ 表示不进位加,其运算规则规则如下：

$0 \oplus 0 = 0$,

$0 \oplus 1 = 1$,

$1 \oplus 0 = 1$,

$1 \oplus 1 = 0$,

例如,格雷码 $R(1,1,0,1)$ 转换为二进制,

$C(1, 1 \oplus 1, 1 \oplus 1 \oplus 0, 1 \oplus 1 \oplus 0 \oplus 1) = C(1, 0, 0, 1)$

码盘固定在风向标的轴上,在码盘的每一位上面都装有发光二极管,下面装有光敏三极管。当码盘随着风向标转动时,就可以把风向标的角位移,转换成相应的格雷码。

不论风向标处于什么位置,都可以对应一个七位格雷码数字输出,接入数据总线,就可得到相应风向,见图 3.26

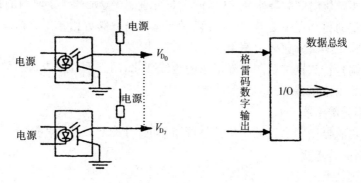

图 3.26 风向变换器电原理图

(2)风速传感器

多齿光盘固定在风杯轴上,光盘上面装有发光二极管,下面装有光敏三极管。当风杯带着光盘转动时,光敏三极管时而导通时而截止。这样就能得到与风杯转速成正比的频率信号。由计数器计数,经转换即可得到实际的风速见图 3.27。

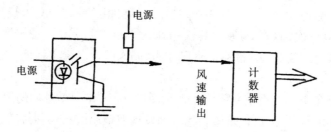

图 3.27 风速变换器电原理图

图 3.28 为风传感器的外观图。

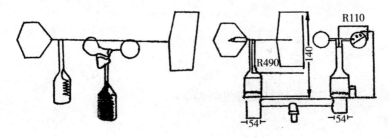

图 3.28 风向、风速传感器外观图

3.6 雨量

降水是指从天空降落到地面上的液态或固态(经融化后)的水。

降水观测包括降水量和降水强度。降水量是指某一时段内的未经蒸发、渗透、流失的降水,在水平面上积累的深度。以毫米(mm)为单位,取一位小数。气象部门观测每分钟、时、日降水量。并存储每分钟降水量资料。

降水强度是指单位时间的降水量,通常测定每分钟、10分钟和1小时内的最大降水量。

自动测量雨量的传感器主要有:翻斗式雨量传感器与双阀容栅式雨量传感器。测定固体降水的传感器还未在我国气象业务上使用。

自动气象站雨量传感器主要测量降水量的连续变化,用于天气报告和挑取最大降水等。降水量的气候记录是以雨量器观测的资料为准。

3.6.1 翻斗式雨量传感器

翻斗式雨量传感器是用来连续采集液体降水量的,分为双翻斗与单翻斗两种。

(1)双翻斗雨量传感器

①结构与原理

该传感器主要由承水器(口径为20 cm)、上翻斗、汇集漏斗、计量翻斗和干簧管等组成,见图3.29。

承水器收集的降水通过漏斗进入上翻斗,当降水积到一定量时,由于水本身重力作用使上翻斗翻转,水进入汇集漏斗。降水量从汇集漏斗的节流管注入计量翻斗时,就把不同强度的自然降水,调节为比较均匀的大降水强度,以减少由于降水强度不同所造成的测量误差,当计量翻斗承受的降水量为0.1 mm时(也有0.5 mm或1.0 mm的翻斗),计量翻斗把降水倾倒到计数翻斗,使计数翻斗翻转一次。计数翻斗在翻转时,与它相关的磁钢对干簧管扫描一次。干簧管因磁化而瞬间闭合一次。这样,降水量每次达到0.1 mm时,就送出去一个开关信号,直接输入计算机进行计数,通过数据处理获得累计降水量、降水时数和降水强度。

②调整

新传感器(包括冬季停用后重新使用或调换新翻斗)工作一个月后的第一次大雨,应作精度对比,即将自身排水量与计数、记录值相比。如发现差值超过±4%时,应首先检查采集器工作是否正常,计数与记录值是否相符,干簧管有无漏发或多发信号现象。如确是由于传感器的基点位置不正确所造成时,应作基点调整。调整方法:旋动计量翻斗的两个定位螺钉。将一个定位螺钉旋动一圈,其差值改变量为3%左右;如两个定位螺钉都往外或往里旋动一圈,其差值改变量为6%左右。

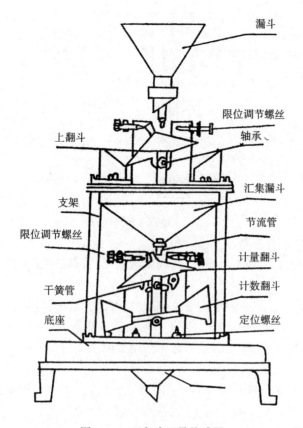

图 3.29 双翻斗雨量传感器

如差值 $\left[\dfrac{\text{排水量} - \text{计数值}}{\text{排水量}} \times 100\%\right]$ 是负 2% 时,可将其中一个定位螺钉往外 旋动 2/3 圈。

如差值是正 6% 时,可将两个定位螺钉都往里旋动一圈。

为使调节位置准确,在松开定位螺帽前,需在定位螺钉上作位置记号。调节好后,需拧紧定位螺帽。

每一次降水过程将计数值与自身排水量或雨量器的降水总量比较,如多次发现 10 毫米以上雨量的差值超过 ±4%,则应及时进行检查。必要时应调节基点位置。

③维护

仪器每月至少定期检查一次,清除过滤网上的沙尘、小虫等以免堵塞管道,特别要注意保持节流管的畅通。无雨或少雨的季节,可将承水器口加盖,但注意在降水前及时打开。翻斗内壁禁止用手或其它物体抹试,以免沾上油污。

结冰期长的地区,在初冰期前将传感器的承水器加盖。

(2)单翻斗雨量传感器

该传感器主要由承水器(口径为 159.6 mm)、过滤漏斗、翻斗、干簧管和底座等组成,见图 3.30。降水通过承水器,再经过一个过滤漏斗流入翻斗里,当翻斗流入一定量的雨水后,翻斗翻转,倒空斗里的水,翻斗的另一个斗又开始接水,翻斗的每次翻转动作通过干簧管转换成脉冲信号(1 脉冲为 0.1 mm)传输到采集器。该传感器适用于雨强 ≤0~4 mm/min 范围。该传感器的使用与维护参照双翻斗雨量传感器。

(3)翻斗式雨量传感器的误差

理想情况下翻斗翻动应该很灵活,实际上由于转轴的摩擦力,如果加上斗上的沾水或泥沙

37

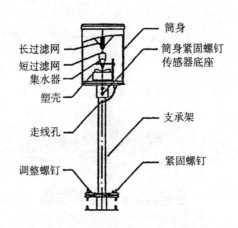

长过滤网
短过滤网
集水器
塑壳

走线孔

调整螺钉

筒身
筒身紧固螺钉
传感器底座

支承架

紧固螺钉

图 3.30　单翻斗雨量传感器

的影响都会造成测定雨量的误差。

　　大雨时,由于翻斗的惯性来不及翻转,造成雨量流失,使得测定的雨量有较大的误差,甚至记录失真。

　　我国目前采用 0.1 mm 高分辨率的翻斗,翻转一次误差虽小,对于一次降水过程因翻转次数增多,使得累积起来的误差就相当大。因此有的雨量传感器采用 0.5 mm 或 1.0 mm 分辨率相对低的翻斗,相对翻转次减少,使得累积起来的雨量的误差变小。低分辨率翻斗对于降水强度大时,较为适用。

　　此外,传感器上的有关部件易受外界干扰影响,往往无降水时也发生信号。以及筒口常受异物堵塞,造成有降水时,也无信号发生。这些都是翻斗雨量传感器存在的主要问题。

3.6.2　双阀容栅式雨量传感器

　　该传感器主要由承水器、贮水室、浮子与感应极板,以及信号处理电路组成,见图 3.31。

　　它是利用贮水室内浮子随雨量上升带动感应极板,使容栅移位感应器产生电容量的变化,经转换为位移量的原理测得降水量。

承水器
上限位开关
下限位开关
感应尺

漏斗

进水电磁阀

信号处理和控制显示器

传感器

浮子
贮水室

排水电磁阀

图 3.31　双阀容栅式雨量传感器结构

当雨水由承水器接收经漏斗流入贮水室的过程中,进水电磁阀处于常开状态,排水电磁阀处于常闭状态。这段时间所收集的雨量经浮子上升的高度被记录仪记录下来。当贮水上升到上极限位置并推动上限位开关时,使得进水电磁阀闭合,排水电磁阀打开,贮水室内的雨水经排水电磁阀排出,在排水过程中承水器所接受的雨水被进水电磁阀挡在漏斗内。随着雨水被排出贮水室,浮子也同步下降,当下降至下极限位置并推动下限位开关时,使得排水电磁阀闭合,同时使进水电磁阀打开,贮水室又开始接收雨水,浮子随之上升,又重复测量雨量。

为了使雨量测量准确,在贮水室上固定安装感应尺,感应尺和浮子同步升降,靠近感应尺装有固定不动的感应器,浮子的运动带动着感应尺相对于感应器产生位移,位移的大小转化为电信号经和传感器相连的处理电路及显示器,显示出雨量的观测数据。

安装要求参照翻斗雨量传感器。安装后用电缆与室内仪器连接。使用时要注意维护仪器清洁,定期清洗过滤网与贮水室。

从原理上分析,这种雨量传感器测量降水量比较准确,但关键是进水与排水电磁阀在使用过程中是否灵活可靠,否则将产生很大误差。

3.6.3 雨量器测量降水量的测量误差

雨量器是气象台站观测降水量的主要仪器,它由雨量筒与量杯组成。雨量筒由口径为 20 cm 的承水器、贮水瓶和外筒组成。雨量器安装在观测场内固定的架子上,器口保持水平,距地面高 70 cm。雨量器可作为雨量传感器的参考标准,即是这种仪器测量降水量也有误差。

降水量测量的准确与否,不仅与传感器的性能有关,而且还和传感器安置的地点条件关系密切,降水量的测量受风场影响很大。

由于雨量器高出地面,风对雨量器的绕流作用导致筒口上方出现局部的上升气流,阻碍了雨滴落入筒口,造成降水量偏小,这种作用对固体降水影响更大。此外,由于雨雪沾在筒内也会使降水量测量偏小。因此世界气象组织(WMO)1984 年推出坑式雨量器做为基准雨量器。这种将雨量器安置内坑内,器口缘与地表齐平,器口与坑的边缘要有足够的距离,以防雨水溅入。坑口安有网格式的防溅网,坑内有排除积水的设备。图 3.32 为坑式基准雨量器。

中国气象科学研究院大气探测所于 1992 年开始,在全国 30 个站(每省一个站)用坑式基准雨量器与现用雨量器测量的降水量进行 7 年的对比试验,结果摘要如下:

图 3.32 坑式基准雨量器

表 3.6　七年降水（雨、雪）测量平均误差 %

	误差	站名	风引起的误差	沾湿误差	合计误差
雨量	最大	青海刚察	7.91	7.37	15.28
	最小	福建福州	1.18	3.24	4.42
	全国平均	30个站	3.17	3.35	6.52
	误差	站台	风引起误差	沾湿误差	合计误差
雪量	最大	内蒙古海伦	24.76	12.23	36.99
	最小	上海宝山	2.18	3.99	6.17
	全国平均	26个站	10.97	6.79	17.76

由此可见，由于风场和雨量筒沾湿的影响使得测量的降水量比实际降水偏小平均达 6%～7%，而固体降水偏小则更多，个别站高达近 40%。这种误差目前在降水资料中还没有进行订正。

3.7　蒸发

气象台站测定的蒸发量是水面蒸发量，它是指在一定口径的蒸发器中，一定时间间隔内（如日、时）因蒸发而失去的水层深度，以毫米（mm）为单位，取一位小数。

自动气象站测量蒸发量用的是超声波传感器，它安置在 E-601B 蒸发桶内，自动测量桶内水面高度的变化。

3.7.1　超声波传感器

（1）原理与结构

该传感器由超声波发生器和不锈钢圆筒组成。根据超声波测距原理，选用高精度超声波探头，对 E-601B 型蒸发器内水面高度 H 的变化进行连续检测，根据

$$H = C_w \cdot t/2 \tag{3.7.1}$$

式中，C_w 为水中声速；t 为超声波脉冲往返于水面高度 H 经历的时间。传感器配有温度校正部分，以保证在使用温度范围内的测量精度。它的测量范围为 0～100 mm，分辨率 0.1 mm，测量准确度 ±1.5%，在气温 0～+50℃ 范围使用。

E-601B 蒸发器由蒸发桶、水圈、溢流桶和测针等组成，见图 3.33 所示。

图 3.33　E-601B 蒸发器

蒸发桶由白色玻璃钢制成,是一个器口面积为 3000 cm²,有圆锥底的圆柱形桶,器口正圆,口缘为内直外斜的刀刃形。

图 3.34　超声蒸发传感器

采集器能够采集蒸发桶内水面高度 H 的连续变化,自动计算出每小时和一日(20～20时)的蒸发量。

如有降水,应根据同一时段内的降水量从蒸发量中自动减去。若降水量过大,常使蒸发量出现负值时,该蒸发量按 0.0 处理。冬季结冰时用小型蒸发器测量蒸发量。

(2)维护:定期检查清洁传感器,发现故障时及时修复。蒸发器内的水要保持清洁,并定期更换。

冬季结冰时该仪器不观测,应将传感器取下,妥善保管;解冻后再重新安装使用。

3.7.2　E-601B 蒸发量测量误差

E-601B 蒸发器的误差主要出现在降大雨时,易使传感器出现误测或缺测现象,造成蒸发量较大的误差。

自然水面的蒸发速率,主要受气象条件与水体条件影响。气象条件包括日照、太阳辐射与地球辐射、气温(能量因子)以及地表层的水汽压梯度、风速(动力因子)等。水体条件包括水体的水量、水温、水中所含的杂质和蒸发面的大小,形状等。

E-601B 蒸发器观测的蒸发量并不能准确代表自然水体(例如湖泊、水库)的蒸发量。一般蒸发器器口面积越大装的水量越多,测量的蒸发量越接近自然水体的蒸发量。因此世界气象组织采用 20 m²(4 m×5 m)的蒸发池做为国际参考标准蒸发器。

3000 cm² 蒸发器的蒸发量与 20 m² 蒸发池蒸发量之间的关系,用折算系数 K 表示:

$$K = 20 \text{ m}^2(蒸发池)/3000 \text{ cm}^2(蒸发器)$$

经过大量对比试验观测,我国大部分地区年平均 K 值在 0.90～0.99 之间,只有在内蒙古,新疆干旱地区 K 值为 0.83 左右。这表明 E-601B 的蒸发量的代表性较为理想。

3.8 辐射

3.8.1 概述

(1)太阳辐射与地球辐射

气象台站的辐射测量,包括太阳辐射与地球辐射两部分。

地球上的辐射能来源于太阳,太阳辐射能量的 99.9% 集中在 $0.2 \sim 10\ \mu m$ 的波段,其中波长短于 $0.4\ \mu m$ 的称为紫外辐射,$0.4 \sim 0.76\ \mu m$ 的称为可见光辐射,而长于 $0.76\ \mu m$ 的称为红外辐射。此外,太阳光谱在 $0.29 \sim 3.0\ \mu m$ 范围,称为短波辐射。

地球辐射是地球表面、大气、气溶胶和云层所发射的长波辐射,波长范围为 $3 \sim 100\ \mu m$。地球平均温度约为 $300\ K$。地球辐射能量的 99% 的波长大于 $5\ \mu m$。

(2)辐射测量单位

辐照度 E:单位时间内,投射到单位面积上的辐射能,即观测到的瞬时值。单位为 $W \cdot m^{-2}$,取整数。

曝辐量 H:指一段时间(如一天)辐照度的总量或称累计量。单位为 $MJ \cdot m^{-2}$,取两位小数,$1MJ = 10^6\ J = 10^6\ W \cdot s^{-1}$。

(3)气象辐射量

①太阳短波辐射

垂直于太阳入射光的直射辐射 S:包括来自太阳面的直接辐射和太阳周围一个非常狭窄的环形天空辐射(环日辐射),可用直接辐射表测量。

水平面太阳直接辐射 S_L:S_L 与 S 的关系为

$$S_L = S \cdot sinH_A = S \cdot cosZ \tag{3.8.1}$$

式中 H_A 为太阳高度角,Z 为天顶距($Z = 90 - H_A$)。

散射辐射 $E_d \downarrow$:散射辐射是指太阳辐射经过大气散射或云的反射,从天空 2π 立体角以短波形式向下,到达地面的那部分辐射。可用总辐射表,遮住太阳直接辐射的方法测量。

总辐射 $Eg \downarrow$:总辐射是太阳直接辐射和散射辐射到达水平面上的总量。可用总辐射表测量

$$Eg \downarrow = S_L + E_d \downarrow \tag{3.8.2}$$

白天太阳被云遮蔽时,$Eg \downarrow = E_d \downarrow$,夜间 $Eg \downarrow = 0$。

短波反射辐射 $Er \uparrow$:总辐射到达地面后被下垫面(作用层)向上反射的那部分短波辐射。可用总辐射表感应面朝下测量。

下垫面的反射本领以它的反射比 E_k 表示:

$$E_k = \frac{Er \uparrow}{Eg \downarrow} \tag{3.8.3}$$

②太阳常数 S_0

在日地平均距离处,地球大气外界垂直于太阳光束方向的单位面积上,单位时间内接收到太阳的辐照度,称为太阳常数,用 S_0 表示。1981 年世界气象组织(WMO)推荐了太阳常数的最佳值是 $S_0 = 1367 \pm 7\ W \cdot m^{-2}$。

③地球长波辐射

大气长波辐射 $E_L \downarrow$:大气以长波形式向下发射的那部分辐射或称大气逆辐射。

地面长波辐射 $E_L \uparrow$:地球表面以长波形式向上发射的辐射(包括地面长波反射辐射)。它

与地面温度有密切关系。

④全辐射,短波辐射与长波辐射之和,称为全辐射。波长范围为 $0.3\sim100\ \mu m$。

⑤净全辐射(辐射平衡)E^*

太阳与大气向下发射的全辐射和地面向上发射的全辐射之差值,也称为净辐射或辐射差额。其表示式为:

净全波辐射 $E^* = Eg\downarrow + E_L\downarrow - E_r\uparrow - E_L\uparrow$ (3.8.4)

以上各种辐射,如图 3.35 所示。

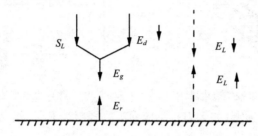

图 3.35 各种辐射示意图

注:本书中除向上、向下长波辐射用 ↑、↓ 符号外,其余各有关辐量均省去 ↑、↓ 符号。

(4)辐射基准 WRR

辐射能的测量也和其他物理量一样,需要建立基准仪器,确定基准仪器的测量方法,以及保持和传递基准方法。日射测量基准历史上曾有 1905 年的埃斯屈朗标尺,在欧、亚、非大陆使用。1913 年的史密松标尺在美州大陆使用。1956 年国际地球物理年开始使用的国际直接日射表标尺(IPS)。

近年来,研发了几种新的绝对日射表,直接与 SI 单位制建立关系。从 1970 年到 1975 年在瑞士达沃斯的国际辐射中心(WRC),对新旧的绝对日射表进行对比,建立了新的世界辐射基准(WRR),确定了 WRR 与旧标尺之间的关系:

$$\frac{WRR}{埃斯屈朗标尺1905} = 1.026$$

$$\frac{WRR}{史密松标尺193} = 0.977$$

$$\frac{WRR}{IPS1956} = 1.022$$

WRR 被接受为全辐照度的物理单位,其准确度优于 $\pm0.3\%$,1979 年被世界气象组织大会采纳,于 1980 年 7 月 1 日启用。我国规定从 1981 年 1 月 1 日开始使用 WRR,在此之前的辐射资料换成 WRR,必须乘系数 1.022。

辐射测量的标准由世界的、区域的和国家的辐射中心负责进行。世界辐射中心达沃斯负责保存基本基准,即世界标准仪器组(WSG)。世界辐射中心每 5 年组织一次国际对比,各区域中心的标准与世界标准组对比,并把它们的仪器系数调整到 WRR。然后传递到各国辐射中心。我国辐射测量标准由国家气象计量站负责保存和维护,并按 WRR 进行传递,每 2 年对辐射站网的仪器进行一次检定,以保持台站网辐射测量资料的准确性。

3.8.2 辐射传感器的原理

常用的辐射传感器多为热电型,传感器由感应面与热电堆组成。感应面由云母片涂上吸收率高,光谱响应好的无光黑漆。紧贴在感应面下部是热电堆,它与感应面应保持绝缘。热电堆工作端位于感应面下端。参考端(冷端)位于隐蔽处。为了增大仪器的灵敏度,热电堆用康铜丝绕在骨架上,其中一半镀铜,形成几十对串联的热电偶。

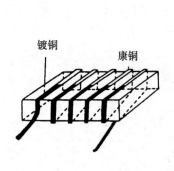

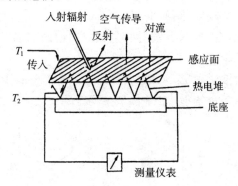

图 3.36　绕线型热电堆　　　　图 3.37　热电型辐射表原理图

当辐射传感器对准辐射源(如太阳),感应面吸收辐照度 E 增热。最终达到热平衡时,可用下式表示

$$E = (1 - \varepsilon)E + H_2(T_1 - T_2) + L(T_1 - T_3) + f(v) \tag{3.8.5}$$

式中:ε 为感应面吸收率;H_2 是传导到冷端的热传导系数;L 是传导到空气的系数;$f(v)$ 为对流损失的热量;T_1 是感应面(热端)温度;T_2 是冷端温度;T_3 是空气温度。

(3.8.5)式中,略去了感应面长波辐射影响。如果采用感应面加玻璃罩,使罩内风速 $V \approx 0$;则 $f(v) \approx 0$;假定 $T_2 = T_3$,同时 H_2、L、ε 对于一台传感器是固定不变的,因此(3.8.5)式可变为:

$$E = \frac{H_2 + L}{\varepsilon}(T_1 - T_2) \tag{3.8.6}$$

因此,辐照度 E 的大小,取决于热端与冷端的温度差$(T_1 - T_2)$。

冷热端温差使 n 对热电偶产生的电动势为:

$$V = n. E_0(T_1 - T_2) \tag{3.8.7}$$

式中,E_0 为热电转换系数($\mu V/℃$),将(3.8.6)中的$(T_1 - T_2)$代入上式得:

$$V = nE_0\left(\frac{\varepsilon}{H_2 + L}\right)E = KE \tag{3.8.8}$$

其中:

$$K = nE_0\left(\frac{\varepsilon}{H_2 + L}\right) = \frac{V}{E} \tag{3.8.9}$$

K 称为辐射传感器的灵敏度;单位为 $\mu V \cdot W^{-1} m^2$ 取二位小数,即单位辐照度所产生的电压 μV 数。我国规定 K 的范围为 $7 \sim 14 \ \mu V \ W^{-1} m^2$。灵敏度 K 是否稳定是衡量传感器性能的最重要指标。若已知 K 值,测量传感器输出电压大小,就可确定辐照度的强弱,这就是热电型辐射传感器的基本原理。

通常辐射传感器(辐射表)是相对仪器,它与标准仪器对比观测(检定)后,才能求出传感器的灵敏度 K。

3.8.3　总辐射表与反射辐射表

用于测量水平面上短波总辐射 Eg 的仪器。实际是测量水平面上太阳直接辐射 S_L 与天空向下的散射辐射 E_d 之和。

(1)总辐射表的原理与结构

仪器由感应器、玻璃罩和配件组成。感应器由圆形(也有方形)涂黑云母片及紧贴其下的热电堆构成。热电堆的工作(热)端处于感应面下面,参考(冷)端放在隐蔽处,当涂黑感应面接收总辐射时,使得热电堆工作端温度升高,产生电动势输出,用测量仪表加以测定。另一种总辐射表感应面由黑白相间的云母片构成,利用黑、白片吸收率的不同,测定其下端热电堆温差电动

图 3.38 总辐射表

势,然后换算成辐照度。防风半球形厚薄均匀的玻璃罩,多采用石英玻璃或碱石灰玻璃,它能透过波长在 $0.3\sim3\ \mu m$ 范围内的短波辐射,其透过率均匀平滑保持在 0.90 以上,见图 3.39。新型的防风玻璃为双层,内罩对红外辐射有隔绝功能,这样可使测量仅限于短波部份。

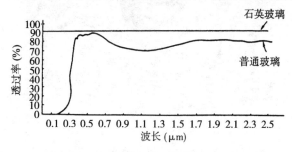

图 3.39 石英玻璃与普通玻璃的透过率曲线

对于性能良好的总辐射表,如果太阳辐照度 S 不变,太阳天顶角 Z 不变,改变仪器方位,其输出应保持不变。同样太阳辐照度 S 不变,但天顶角 Z 逐渐改变,仪器的输出应按 $S\cdot\cos Z$ 的规律变化。前者称方位响应,后者称为余弦响应。世界气象组织对不同等级的总辐射表的方位响应偏差和余弦响应偏差的限度作了规定。

附件:干燥剂与玻璃罩相通,保持罩内空气干燥。白色挡板挡住太阳对机体下部的加热,防止水平面以下反射对仪器的影响。这种仪器观测时,必须保持感应面水平,配有水准器与调整装置等部件。

(2)使用

使用时应保持仪器清洁,玻璃罩如有尘土,水汽凝结物时,应用细布擦净。如天空降较大的雨、雪、冰雹时应及时加盖保护,以免损坏仪器,降水停后及时打开。硅胶由兰变白时应更换干燥剂。

总辐射观测的误差约为 5% 左右。

(3)反射辐射表

将总辐射表整个仪器翻转,使感应面朝下,则是测量地表或水面的反射辐射 E_y 的仪器。

3.8.4 散射辐射表

总辐射表中把来自太阳直接辐射部份遮挡后,测得散射辐射(或称天空辐射)E_d 的仪器。

(1)仪器装置与遮光环订正系数

总辐射表感应面遮住太阳的装置有两种:一种是遮光板(或球)另一种是遮光环。对于自动连续记录散射辐射,必须配有跟踪太阳装置,使得遮光球准确随太阳转动,这种装置构造复杂且不易准确,因此通常不用。气象台站多采用遮光环挡住太阳装置。

遮光环见图 3.40。由金属圆环(内黑外白)、标尺、调整丝杆、附件等组成。每天调整后就可以保证一天内任何时刻均能遮住太阳辐射。遮光环除遮去太阳辐射外,它还遮住遮光环带上的散射辐射,使记录下的散射辐射明显偏小。因此必须乘以大于1的遮光环订正系数 CQ_2,才能得到准确的散射辐射。

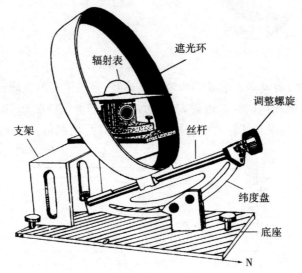

图 3.40 散射辐射表

假定天空散射是均匀的,天空被遮光环遮住的部份 ΔD,从理论上可用下式算出:

$$\Delta D = \frac{2b}{\pi R}\cos^3 D_E(\sin\Phi \cdot \sin D_E \cdot t_0 + \cos\Phi \cdot \cos D_E \cdot \sin t_0) \qquad (3.8.10)$$

式中:b 为遮光环宽度(65 mm);R 为遮光环半径(200 mm);D_E 为太阳赤纬;Φ 为当地纬度;t_0 为时角。

$$t_0 = \frac{T_s - T_R}{12} \times \frac{90}{57.3} \qquad (3.8.11)$$

式中:T_s 为日落时间;T_R 为日出时间。均为真太阳时。

因此遮光环理论订正系数 CQ 为:

$$CQ = (1 - \Delta D)^{-1} \qquad (3.8.12)$$

我国现用的遮光环订正系数 CQ_2,是由其理论值 CQ 和实际对比试验修正值 CQ_1 两部分组成。它随季节、纬度和各地云量而异,最大订正值可达 1.30 左右。

$$CQ_2 = CQ + CQ_1 = CQ + 0.0538 + 0.1715\Phi/90 + 0.111\Delta Y - 0.0117N \qquad (3.8.13)$$

式中:$\Delta Y = |$月份-6月$|$;N 为总云量月平均(0.1 成)。

(2)使用与维护

每天调整一次丝杆螺丝,使遮光环恰好全部遮住总辐射表的感应面和玻璃罩。平时注意保持丝杆的清洁和转动灵活。

3.8.5 分波段总辐射表

总辐射分波段测量时,需要换玻璃外罩。它所用的滤光玻璃罩通常有三种型号:

WB　0.28~3.0 μm 可透过总辐射

JB　0.40~3.0 μm 可透过可见光与红外

HB　0.7~3.0 μm 可透过红外

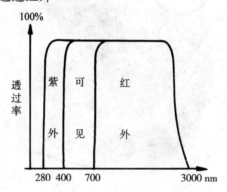

图 3.41　总辐射表分光图

仪器的安装与使用和总辐射表相同。带有 WB 0.28 μm 与 JB 0.4 μm 滤光罩,同时观测时,算出其差值为紫外区辐射量。当 JB 0.4 μm 与 HB 0.7 μm 滤光罩同时观测,可测得其差值为可见光辐射量。用 HB 0.7 μm 滤光罩可以测得红外辐射量。

当加上滤光罩后,由于吸收辐射导致增温,使感光面接收到一部份外罩的热辐射,导致仪器读数系统偏高。因此对 JB 0.4 μm 与 HB 0.7 μm 滤光罩分别乘以订正系数加以修正。

3.8.6 直接辐射表

直接辐射表又称直接日射表或相对日射表,它是测量垂直于太阳面(日盘视角 0.5°)辐射的仪器。

(1)原理与结构:

这类仪器构造上有三个特点:

感应部份的表面必须垂直于入射的太阳光线;

允许测量日盘和日盘周围很小区域的辐射;

须具备可随时瞄准太阳的装置。

常用的直接辐射表由进光筒、感应器、跟踪架与附件等组成。见图 3.42

进光筒为一金属圆筒,为使感应面不受风的影响,同时又减少管壁的反射,圆筒内有好几层煮黑的光阑,光阑的孔径大小由半开敞角 α 和斜角 β 来确定(见图 3.43)。一般台站用的直接辐射表 α 为 2.5°~5.5°,β 为 1°

$$\alpha = t_g^{-1}(R/d) \tag{3.8.14}$$

$$\beta = t_g^{-1}\big[(R-r)/d\big] \tag{3.8.15}$$

式中,R:进光前孔半径;r:接收器半径;d:前孔到接收器的距离。

图 3.43 中,β 角内的天空区域的辐射能照射到全部感应面上,来自区域 2 和 3 的辐射只能照射到部分感应面上,它们的交界处圆周上的辐射正好只能照射感应面积的一半;区域 3 外

图 3.42　直接辐射表

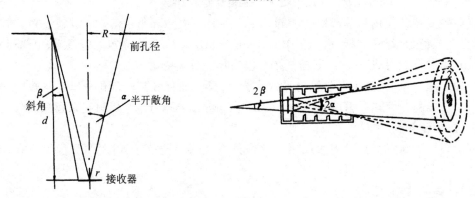

图 3.43　进光筒 α、β 角几何尺寸　　　图 3.44　进光筒张角与接收辐射关系

的辐射则完全不能进入仪器。

为保证筒内清洁,筒口装有石英玻璃片,有的筒口还有安放各种滤光片的装置。

感应器由全黑的感应面与紧贴其后的热电堆构成。热电堆工作端位于感应面下端,参考端位于隐蔽处。热电堆的引线直接联接到测量仪表。

跟踪架是支撑进光筒的,跟踪太阳有手动和自动两种。自动跟踪架常用的有三种形式:

①时钟控制跟踪架:实际为一石英钟,信号发生器及电源部分安在室内,用导线与跟踪架上的钟机联接,钟机操纵输出轴带动进光筒准确跟踪太阳。但由于每日不停地转动,使得进光筒的信号线容易缠绕,应在每天(或数天)日落后,松开固定螺旋向相反方向转动,直至导线完全松开为止,再拧紧固定螺栓。

②直流电机控制跟踪架:单片计算机和电源部分用导线与跟踪架上的直流电机相联接,单片机控制电机从而准确推动进光筒跟踪太阳。目前这种直接辐射表在原基础上进行了软件处理,当走时进到夜间 11:55 分时,快速返回零时,5 分钟后再继续按时钟正常跟踪。

48

以上两种跟踪方式要求跟踪精度为±1°/日(相当于4分钟/日)。

③全自动跟踪架:其原理是利用单片机软件控制电机转动,带动准光筒跟踪太阳。此外,准光筒内装有四个光敏传感器,当准光筒跟踪太阳稍有偏差时,筒内的四个传感器接收阳光信号就不相同,从而驱动准光筒自动瞄准太阳。使得同步装在架子上的直接辐射表进光筒准确地瞄准太阳。这种装置具有全自动、全天候、跟踪精度高(±0.25°/日),不绕线等特点,同时可带动多台直接辐射表和散射辐射表上的遮光球跟踪太阳。

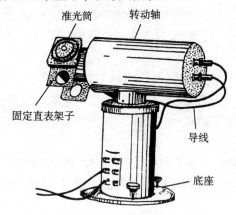

图3.45　全自动跟踪架

(2)使用

开始工作时要转动进光筒,使太阳光通过筒口上的小孔,恰好落在光筒后部的黑点上,说明该仪器对准太阳。每天应检查进光筒玻璃窗是否清洁,上下午至少要检查一次仪器跟踪状况(对光点)。转动光筒对光点时,一定按操作规程进行,绝不能用力太大,否则容易损坏电机。

直接辐射误差是由直接辐射表误差(约2%)和自动跟踪架误差两部分组成,我国现用跟踪架长时间在露天条件下运转,很难做到完全准确跟踪太阳。因此直接辐射的资料总体是偏小的,其误差大小是随机的,与观测员是否按操作规程,认真对准太阳有关。

(3)大气浑浊度指标T_G的观测与计算

①T_G的定义与计算公式

全波段浑浊度指标T_G是指总的浑浊度系数(总的光学厚度)δ与理想浑浊度系数(干净大气光学厚度)δ_{mo1}之比

$$T_G = \frac{\delta}{\delta_{mo1}} \tag{3.8.16}$$

根据全波段太阳辐射在大气中的衰减定律:

$$S = S_0 e^{-\delta m \cdot P_h / po} \tag{3.8.17}$$

式中,S:地面上观测到的垂直于太阳的直接辐射;$S_0 = 1367 W \cdot m^{-2}$太阳常数;$P_h$:本站气压;$P_0 = 1013\ hPa$,标准气压;$m$:相对大气质量(考虑地球形状与折射情况)

$$m = \frac{1}{\sin H_A + 0.15(H_A + 3.885)^{-1.253}} \tag{3.8.18}$$

式中,H_A太阳面高度角。因此

$$T_G = \frac{1}{-p_h / p_{0m} \delta_{m01} \log e} \log \frac{S}{S_0} \tag{3.8.19}$$

式中,δ_{mol}为本站气压P_h与相对大气质量m的函数。

当 $m \cdot P_h/P_0 \leqslant 3.3$ 时，

$$\delta_{mol} = 0.1005 - (m \cdot P_h/P_0 - 0.5) \times 0.0074 \qquad (3.8.20)$$

当 $m \cdot P_h/P_0 > 3.3$ 时，

$$\delta_{mol} = 0.0789 - (m \cdot P_h/P_0 - 3.3) \times 0.0047 \qquad (3.8.21)$$

浑浊度指标 T_G 的大小，取决于地面上观测到的太阳直射辐射 S、本站气压 P_h 与太阳高度角 H_A。其中 S 是最主要的。因此观测到无云时的太阳直接辐射愈大，则 T_G 愈小，表示大气越透明；反之，观测到 S 愈小，T_G 则愈大，表示大气愈浑浊。

②T_G 的观测条件

进行太阳直接辐射观测的台站(辐射一级站)，在每日地平时 9、12、15 时($\pm$30 分钟内)，若太阳面无云时，要进行大气浑浊度 T_G 的观测。观测时对计算机进行人工干预，输入有关数据，计算机则会计算并打印出观测时的 T_G 值。

3.8.7 净全辐射表

净全辐射表又称净辐射表。用于测量由天空(包括太阳和大气)向下投射和地表(包括土壤、植物、水面)向上投射的全波段辐射通量差额的仪器。净全辐射是研究地球热量收支状况的主要资料。

(1)原理与构造

净全辐射表是由上、下两块涂黑感应面，中间夹有热电堆(有的采用两个热电堆)用来测量两块感应面的温差，其输出的热电势正比于净全辐射量。

为了防止风的影响和保护感应面，上下感应面应装有既能透过短波(0.3～3 μm)又能透过长波(3～100 μm)的半球形聚乙稀薄膜罩。薄膜罩上放橡皮密封圈，然后用压圈旋紧(有的用螺钉固定)，以防漏水。为使薄膜罩保持半球形，用电动泵(或手动橡皮球)将干燥空气压入罩内，以保持其半球形。

图 3.46　净全辐射表

由于仪器的全波段灵敏度与长波灵敏度相差较大(两者灵敏度允许相差$\leqslant$15%)。为消除这种偏差，该仪器有两个灵敏度，白天净辐射为正时采用全波段灵敏度计算；夜间净辐射为负时采用长波灵敏计算。

(2)使用

净全辐射观测时段与短波仪器不同，为 0～24 小时连续采样。一般白天为正值，夜间为负

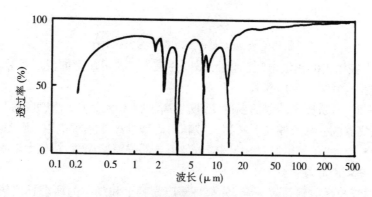

图 3.47　聚乙烯薄膜透过率分布

值。因此除上、下午各检查一次仪器状况外,夜间还应增加一次检查。检查内容包括:仪器是否水平,薄膜罩是否凸起,有无灰尘、水滴,干燥剂是否失效,正负极方向是否接错等,发现问题及时处理。

薄膜罩通常一个月更换一次,风沙多、污染重、紫外辐射强的地方应增加换罩次数,换罩时一定按操作规程执行。

净全辐射表最常出现的故障是薄膜罩漏水感应面受潮,使记录失真。因 此降水较大时应盖好仪器。

观测净全辐射的同时,每天还应记录下垫面状况。

由于全波段辐射观测仪器制造难度大,加上国际上尚无全辐射测量的世界标准等原因,因此我国目前测量的净全辐射资料的误差约为 10%～20% 左右。

3.8.8　长波辐射表

(1)原理与结构

长波辐射表的构造、外观与总辐射表基本相同,由感应器(黑体感应面与热电堆)、玻璃罩和附件等组成,见图 3.48。与总辐射表主要的不同是玻璃罩内镀上硅单晶,保证了 $3\mu m$ 以下的短波辐射不能到达感应面。仪器观测到的值,是感应面接收到的长波辐射以及感应面本身向外发射的长波辐射 $E_{L}.\mathrm{out}$ 之差:

$$E = E_{L}.\mathrm{in} - E_{L}.\mathrm{out}$$

式中:E 由热电堆输出测得,$E=mv/k$,k 为长波表灵敏度。$E_{L}.\mathrm{out}=\delta T_{b}^{4}$,$\delta$ 为斯蒂芬-玻尔兹曼常数($\delta=5.6697\times10^{-8}\mathrm{W\cdot m^{-2}K^{-4}}$)。$T_{b}$ 为仪器腔体温度。因此感应面接收到的长波辐

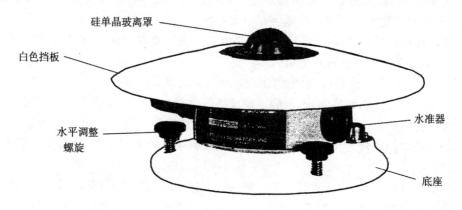

图 3.48　长波辐射表

射为：

$$E_L.\mathrm{in} = mv/k + 5.6697 \times 10^{-8}.T_b^4 \tag{3.8.22}$$

T_b 由安装在腔体内的热敏电阻测量。此外，为减少仪器灵敏度的温度系数，热电堆线路中并有一组热敏电阻，使测量更加准确。

白天太阳辐射较强，照得硅罩的温度 T_a 明显高于腔体温度 T_b。使感应面从硅罩得到附加的热辐射，形成仪器数据系统偏高。新型长波辐射表增加一个热敏电阻，测量硅罩温度 T_a，用来修正上述误差。有的还采用散射辐射表方式，用自动跟踪遮光球，挡住太阳直接辐射。

（2）仪器的安装使用与维护

如同总辐射表和反射辐射表一样，分别将感应面朝上和朝下的两台长波辐射表安装在一起。安装地方条件、要求、使用注意事项和维护方法与总辐射表基本相同。每台仪器有 4 根引出线，其中 2 根引线用来测热电堆电压，另 2 根引线用来测量热敏电阻器的阻值，然后换算为腔体温度 T_b。

（3）用长波短波辐射表观测和计算净全辐射

台站用短波辐射仪器观测总辐射 E_g、反射辐 E_r。用 2 台长波辐射表分别观测 $E_L\downarrow$ 与 $E_L\uparrow$。然后计算出净全辐射 E^*

$$E^* = E_g + E_L\downarrow - E_r - E_L\uparrow$$

以及长波净辐射 $E_L{}^*$

$$E_L{}^* = E_L\downarrow - E_L\uparrow \tag{3.8.23}$$

这种方式计算出的 E^* 与 $E_L{}^*$ 比用净全辐射表观测的值，更加准确。

3.8.9　紫外辐射表

尽管紫外辐射所占的太阳辐射能量比例较少，但由于其光量子能量较高，它所产生的光化学作用和生物学效应显著，对地球气候，生态环境及人类的健康状况有着非常重要的影响。

紫外辐射又分三个亚区

近紫外 UV-A：$0.315\sim0.400\ \mu m$

中紫外 UV-B：$0.280\sim0.315\ \mu m$

远紫外 UV-C：$0.100\sim0.280\ \mu m$

其中 UV-A 波段，刚好处在可见光光谱外，它对晒黑皮肤，产生维生素 D，植物的光合作用，大气污染中的光化学烟雾的生成都会有很大影响。

UV-B 它具有对人类健康和环境的影响，以及由于大气臭氧的衰减，引起地面 UV-B 的增加，人们最关心的就是这个波段辐射量。

UV-C 在大气层中完全被吸收，地面上很难观测到此波段的辐射。

对紫外辐射的测量是困难的，因为到达地面的能量很小（约占总辐射的 7％左右）

UV-A 紫外辐射表。在这个波段里相当数量的紫外辐射（约占总辐射的 5.9％）能够到达地面。这个波段观测比较方便，光电器件对这个波段有很高的感应灵敏度，而且不需要利用高真空技术。

UV-B 紫外辐射表。许多光电管和光电倍增管在这个波段的感应都很灵敏，铯化碲和钶化碲的光电阴极不但对中紫外辐射反应灵敏，而且对可见光是盲区。中紫外的窗口材料一段采用石英玻璃，增加散射修正片对紫外辐射表进行余弦修正。为了减小环境温度对滤光器及光电探测器带来的影响,在机体内增加了恒温装置,同时也可防止雪、冰、霜在石英玻璃上的集结。UV-B 辐射量约占总辐射的 1.55％左右。

此外,还有 UV-AB 紫外辐射表,它是用来测量太阳全紫外辐射的仪器。

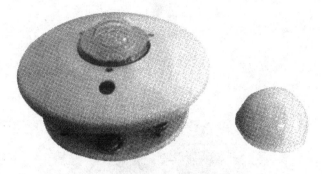

图 3.49　紫外辐射表

3.9　日照

日照时数定义为太阳直接辐照度达到或超过 120 W·m⁻²时间段的总和,以小时为单位,取一位小数。日照时数也称实照时数。

可照时数(天文可照时数),是指无任何遮蔽条件下,太阳中心从某地东方地平线到进入西方地平线,其光线照射到地面所经历的时间。可照时数由公式计算出,也可以从天文年历中或气象常用表查出。

日照百分率＝(日照时数/可照时数)×100％,取整数。

日照传感器主要有:直接辐射表、双金属片日照传感器与旋转式日照传感器等。

3.9.1　直接辐射表观测日照时数

世界气象组织将太阳直接辐射 $S \geqslant 120$ W·m⁻²定为日照阈值。直射表每日自动跟踪太阳输出的信号,采集器把 $S \geqslant 120$ W·m⁻²的时间累加起来,作为每小时的日照时数与每天的日照时数。

利用直接辐射表观测日照时数与仪器的跟踪装置是否准确关系极大。用全自动跟踪装置的直接辐射表观测的日照时数最为准确,可以作为日照检定标准。但目前台站使用的直接辐射表跟踪架,由于长时间在露天条件下运转,很难做到完全准确跟踪太阳,因此用直接辐射表测定日照时数记录总体是偏小时。据 15 个辐射一级站多年用直接辐射表观测的日照时数资料,比台站暗筒式日照计测得资料,平均偏小 0.4 小时左右,因此必须加强仪器的维护检查,每天上下午观测员至少要对光点一次,才能保证观测日照记录的准确。

若直射表跟踪出现故障时,通过观测到的总辐射 Eg 和散射辐射 E_d 以及当时的太阳高度角 H_A,可计算出水平面直接辐射 S_L、垂直面直接辐射 S;其计算公式为:

$$S_L = Eg - E_d \tag{3.9.1}$$

$$S = S_L / \sin H_A \tag{3.9.2}$$

再根据计算出的直接辐射 $S \geqslant 120$ W·m⁻²的时间,累加计算出日照时数。

3.9.2　双金属片日照传感器

双金属片日照传感器由置于聚丙烯圆罩下,相互均匀隔开的 6 对双金属黑化元件构成(见图 3.50)。当照射在仪器上的直接辐射大于某预设阈值(≧120 Wm⁻²)时(每个仪器的间隙和

图 3.50　双金属片日照传感器

阈值设置都在仪器下部规格标示牌上注明），被照射的那对双金属片外部黑色元件受热高于内侧背光处元件，导致正向接触，闭合形成电的回路，接触闭合的瞬间和持续时间被采集器自动记录下来，作为日照时数。

当直接辐射小于预定阈值（或光线变暗），落在白色基板上的散射光反射到内部元件下侧，从而对内部温度进行补偿，这时触点断开，记录无日照。

这种仪器通过聚丙烯罩顶部的风道螺纹管端底部的网孔来通风散热。风道的外形使得在下雪时仍然能正常通风。

使用时要注意保持聚丙烯圆罩的清洁。检查仪器底部网屏和间隙中是否有堵塞物以及聚丙烯罩和通风道是否损坏。检查元件的黑色涂层是否褪色或剥落。检查线路是否断开或者连接处是否腐蚀。

仪器的校准有两种方法：一种纯技术调整，调整外部调节螺丝间隙，用隙片（厂家出厂时配备的）可以轻轻地被元件对夹紧，形成间歇设定。对元件调节要在暗处进行，并保持温度在15℃左右。另一种对阈值精确调整方法是利用太阳光源或室内参考光源作为标准进行调整。

3.9.3　旋转式日照传感器

旋转式日照传感器，通过仪器安装使反射镜旋转轴与地轴平行，反射镜由步进电机带动，每30 s转一圈，反射镜将太阳光反射至受光元件，受光元件输出与直接辐射量相对应的脉冲电压，当脉冲电压超过120 Wm^{-2}阈值的电压时，输出一个时间脉冲，作为日照时数记录下来。

反光镜一年经过几次调整，使之适应赤纬在±23.5°间的变化。

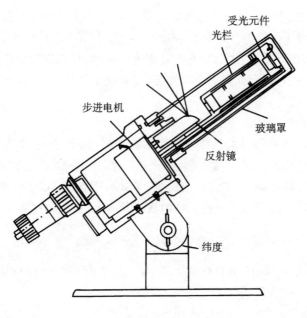

图 3.51 旋转镜面式日照传感器

3.10 能见度

3.10.1 能见度的基本概念及影响能见度的因子

(1)气象能见度

能见度是指目标物的能见距离,即指观测目标物时,能从背景中分辨出目标物的最大距离。超出这个最大距离,就看不清目标物的轮廓,分不清形体,称之为"不能见"。而在这个最大距离之内,完全能见,甚至于清晰可见。

目标物的最大距离有两种定义法,即消失距离和发现距离。使目标物向观测者远离的方向移去,景象逐渐淡漠,直至目标物的景象淹没在背景之中,用心地寻找也不能被察觉。这个目标物被淹没时的极大距离称为消失距离。当目标物从遥远的地方移近,逐渐被观测者发现,这个可观察的极大距离称为发现距离。对于同一目标物来说,根据这两种定义确定的能见距离是不一样的,消失距离要比发现距离远。

能见度的测定是比较复杂的。因为影响能见度的因子很多,对于正常人的眼睛而言,则有:目标物的光学特性,背景的光学特性,自然界的照明和大气透明度等。

①目标物和背景的亮度对比

目标物能见与否,取决于本身亮度,又与它同背景的亮度差异有密切关系,比如暗物在亮的背景衬托下,清晰可见,反之亦然。表示这种差异的指标是亮度对比值 C。

设 B_0 为目标物的固有亮度,即近在眼前时看见的目标物的光亮度,B'_0 为背景的固有亮度,则 C 的定义为:

$$C = \frac{B'_0 - B_0}{B'_0} \qquad 当 B'_0 > B_0 时$$

或

$$C = \frac{B_0 - B'_0}{B_0} \qquad 当 B_0 > B'_0 时$$

所以,$0 \leqslant C \leqslant 1$。若 $B_0 = B'_0$,$C = 0$,无亮度差异,无法辨认目标物;若 $B_0 = 0$,目标物是绝对

黑体，$C=1$，目标物清晰可见。另外目标物和背景的色彩不同也影响到能见与否，但色彩的感觉在足够的光亮度条件下才能产生。比如，在晚上亮度很小的情况下，黑色的物体和蓝色的物体看上去象一个色调，难以分清。又如，在看远距离目标时，往往仅能分辨其明暗，不易分辨出色彩。因此，亮度对比较色彩对比显得更为重要，是起决定作用的因素，一般讨论中，只考虑亮度对比，不考虑色彩对比。

②观测者的视力指标—对比视感阈（白天）

白天，观测目标物，当$C=0$时，无法辨认目标物。当C逐渐增大，即亮度差异逐渐增大，人眼也不是马上就能辨认出目标来，需要增大到一定值时，才能辨认出目标物。这个起始的亮度对比值叫做人眼的对比视感阈ε。当$C>\varepsilon$，能见。$C<\varepsilon$，不能见。$C=\varepsilon$，为临界态。

观测者的ε值与现场照明情况及目标物的视张角有关，目标物视张角θ计算公式为：

$$\theta = \sqrt{高度角 \times 宽度角}，\theta(分) = \frac{\sqrt{a \times b}}{L} \times 3.4 \tag{3.10.1}$$

式中a为目标物高度(m)；b为目标物宽度(m)；L为目标物和观测者间水平距离(km)；目标物的视张角一般取$0.5°\sim5°$。

(2)气象光学视程(MOR)

前已阐述，影响目标物能见程度的因子有多种，既有大气光学状况因子，又有非大气光学状况的因子。能见度参数的定义，只反映大气的光学状况，而不受非气象因子的影响。按照气象能见度的定义和观测，是长期以来习惯性的处理办法。为了更直接鲜明地从物理学上给出描述大气光学状况的能见度参数，世界气象组织仪器和观测方法委员会(CIMO)于1957年就提出了"MOR"的定义。近些年来，世界气象组织又建议采用这个物理参量，并以此术语为核心来阐述能见度的观测。

气象光学视程(MOR)是指一个色温为2700 K的白炽灯发出的平行光辐射通量，经大气衰减到起始值的0.05时，在大气中所需经过的路程。显然气象光学视程是大气光学状况的函数，取参数0.05是假定眼睛在实际环境中恰好能辨认出目标物时的亮度对比阈值。

按照布格—朗伯(Bouguer-Lambert)定律：

$$F = F_0 e^{-\sigma L} \tag{3.10.2}$$

式中σ为消光系数，F_0为$L=0$时的光通量，F是基线为L时的光通量
可得

$$MOR = -\frac{\ln 0.05}{\sigma} \approx \frac{3}{\sigma} \tag{3.10.3}$$

又因为大气透过率 $\qquad T=e^{-\sigma L}$，L为基线长度

所以 $\qquad\qquad MOR = L \cdot \frac{\ln 0.05}{\ln T} \tag{3.10.4}$

气象光学视程可以用适当的仪器来测定，也可以用目测来近似估计。

对于白天，气象能见度的目力估算法就能给出气象光学视程真值的相当好的近似值。

对于夜间，以目测的灯光能见距离，按特定的程序或转换表可以估算出气象光学视程，使用阿拉德定律可以写出：

$$MOR = -\frac{S \cdot \ln \frac{1}{0.05}}{\ln \frac{I}{E \cdot S^2}} \tag{3.10.5}$$

E——环境亮度

S——灯光能见距离

I——光源亮度

基于这种灯光能见距离和气象学视程的理论关系式,可以绘制出气象光学视程列线图。

(3)跑道能见距离(跑道视程 RVR)

在航空上,能见度直接反映了飞行员的视程大小,决定着飞机能否正常起飞或着陆,它是保障飞行安全的重要气象要素之一。而跑道能见距离是一个常用的表示机场能见度的物理量。

在飞机接地点,从飞行员(位于跑道中线的飞机里)眼睛的平均高度(规定为 5m)上,观察起飞或着陆的方向,能看清跑道或表示跑道的专用灯光或标志物的最远距离,叫做跑道能见距离(或跑道视程 RVR,简记 R)。

若跑道标志物是黑色目标物,且以天空为背景,则

$$R = \frac{1}{\sigma}\ln\frac{1}{\varepsilon} \qquad (3.10.6)$$

ε 取为 0.05;

RVR 不能直接从飞行员处测量,但是可以由观测员或仪器间接测量。由于观测员观测地点不同于飞行员位置,观测员观测计数跑道灯,再借助预先准备好的转换曲线,可以确定出 RVR。

3.10.2 气象光学视程的测量

气象能见度反映了大气的浑浊程度,在天气预报上有着实际意义。在航空、航海及交通运输领域里,它是关系到安全保障的重要气象要素之一。在环境监测领域里,它是体现大气污染程度的重要特征量。尤其是现代交通运输事业和环境监测领域的迅速发展,迫切需要能见度的精确观测资料。

长期以来,能见度的观测主要通过人工目测。

能见度是一个复杂的心理-物理现象,主要受制于悬浮在大气中的固体和液体微粒引起的大气消光系数,消光主要由光的散射而非吸收所造成。人工目测法主观性强、误差大,因为目测法的"能见"与"不能见"界限不太明晰,外形轮廓由清晰到模糊过渡,只能凭人眼分辨和主观判断,加上对比视觉阈值和照度视觉阈值随照明条件和心理影响的变化较大,必然在主观上造成较大误差。各台(站)选择的能见度目标物,就数量、分布范围、尺度大小、光学特点均难以一致。有限的目标物,只能估计出几个能见度值,当能见度很差时,难以作出精确的测报。另外,目测法程序繁琐,工作量大,尤其在机场,飞机起落次数多时,能见度的测报次数相应增多,观测员的工作量相当大。在黎明和黄昏时,难以确定以目标物还是以灯光为基准,易造成失误。

由于目测法的缺点和实际要求的提高,能见度器测法显得十分重要。从 20 世纪 50 年代初期,一些机场使用能见度测量仪器,到 70 年代末期,一些港口,高速公路及环境监测站也开始使用器测法。迄今,能见度器测法中较为成熟的仪器,有透射仪和散射仪。

假定大气是均一的,且在测定时消光系数 6 随时间和距离没有大的变化,仪器的测量值可转化为 MOR 值。迄今用于测量 MOR 的仪器可分为以下两类:

①用于测量水平空气柱的消光系数或透射因子。光的衰减是由沿光束路径上的微粒的散射和吸收造成的;

②用于测量小体积空气对光的散射系数。在自然雾中,吸收通常可忽略,散射系数可视作与消光系数相同。

对于①实际上就是通过测定大气透射率的透射仪。对于②就是通过测量小体积空气对光

的散射系数的散射仪。下面就这两种 MOR 测量仪的主要特征分别加以描述。

3.10.3 透射式能见度仪

(1)测量原理

气象能见度 L_M 或气象光学视程 MOR 或跑道视程 RVR 均可以写成大气透射率(T)的函数,即

$$MOR = L \cdot \frac{\ln 0.05}{\ln T} = \frac{-3L}{\ln T} \qquad (3.10.7)$$

如果选择两点间距离为 L 的长度作为测量基线,测出两点间的透射率 T,即可算出气象能见度。由于目前尚难以准确地测出较长基线的透射率,所以测量超过 2 km 以上的 L_M 还是比较困难的。但应用于跑道视程测量是切实可行的。

式(3.10.7)就是透射仪测量气象光学视程(MOR)的基本公式。它的正确性决定于下列假设,即满足 Koschmieder 和 Bouguel-Lambert 定律,且沿透射仪基线的消光系数与在 MOR 上观测者同目标物之间路径中的消光系数相同。透射因子和 MOR 之间的关系对雾滴来说是正确的,但是当能见度的减小是由于其它水凝物,诸如雨或雪或大气尘粒(诸如扬沙)引起的时候,MOR 的值必须谨慎处理。

若要在长时段内保持测量正确,则光通量必须在该时段内保持稳定。透射仪基线所取的值决定于 MOR 的测量范围,一般认为该范围在基线长度的 1 倍到 25 倍之间。

透射仪测量性能的进一步改进,可在不同距离处采用两个接收器或后向反射器,以便扩展 MOR 测量范围低限(短基线)和高限(长基线)两端。这种仪器称为"双基线"仪。在一些基线很短(几米)的场合中,光电二极管已用作光源,即近红外单色光。然而,一般建议使用可见光谱中的多色光作为光源,以获得具有代表性的消光系数。

(2)透射仪的类型与工作过程

有两种类型的透射仪:①发射器和接收器分处于两个单元内且彼此之间的距离已知,如图 3.51 所示;

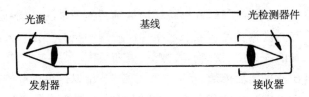

图 3.51 双终止透射仪

②发射器和接收器在同一单元内,发射的光由相隔很远的镜面或后向反射器(光束射向反射镜并返回)反射。如图 3.52 所示。

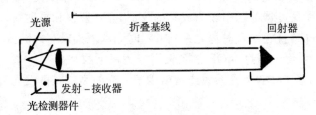

图 3.52 单终止透射仪

58

发射器和接收器之间光束传送的距离通常称作基线,可从几米到 150 m(甚或 300 m),它取决所测 MOR 值的范围和这些测量的应用情况。

单端式透射仪由光发射器、反射器和接收器构成。光发射器和接收器合成一体安置在基线一端,反射器安置在基线另一端。发射器发射的光被分成两束,一束透过大气经反射器反射后回传,被接收器接收;另一束光不射入大气,作为参考光,直接进入接收器,回波信号与参考信号同轴地照在光电器件上,由比较法确定透射率。早期采用的光源是连续的白光,故需用机械式的光斩波器将其调制成一定频率的脉冲光。近些年来,广泛使用脉冲光。基线的选取应与要求报告的跑道视程相适应。有的机场采用双基线系统,见图 3.53。一个反射器位于 15 m 处,能见度低时用;另一个位于 150 m 处,能见度高时用。反射器的个数还可以多设。

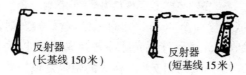

反射器
(长基线 150 米)

反射器
(短基线 15 米)

图 3.53 双基线透射仪系统

3.10.4 散射式能见度仪

(1)测量原理

大气中光的衰减是由散射和吸收引起的。工业区附近的污染物的出现,冰晶(冻雾)或尘埃可使吸收项明显增强。但是在一般情况下,吸收因子可以忽略,而经由水滴反射,折射或衍射产生的散射现象构成降低能见度的因子。故消光系数可认为和散射系数相等。从而,测量散射系数的仪器可用来估计 MOR。

MOR 通过对比阈值与能见度的直觉概念相联系。(不同文献给出的对比阈值差异较大,从 0.007 到 0.06)。MOR 可以用仪器测量消光系数的方法计算得出。(参见公式 3.10.3)

另外,按照众所周知的 Koshmieder 定律(1924),当散射系数与方位角无关,且沿观测者、目标物和地平之间的整个路径上的照度均匀时,若黑色目标物针对的地平可观测到,则能见度 L

$$L = \frac{1}{\sigma}\ln\left(\frac{1}{\varepsilon}\right)$$

式中 σ 为消光系数;ε 为视亮度对比阈值。当 $\varepsilon = 0.05$ 时,L 与 MOR 相当。

因此,白天观测的能见度目测估计值逼近 MOR 真值。晚间,对给定发光强度的光(如前车灯),通过给定对光的感觉距离和 MOR 值之间的相应关系确定能见度值。

(2)测量方法与工作过程

通过把一束光汇聚在小体积空气中,以光度测量的方式确定在充分大的立体角并非临界方向上的散射光线的比例,从而使散射系数的测量可方便地进行。假定已把来自其它光源的干扰完全屏蔽掉或这些光源已受到调制,则这种类型的仪器在白天和夜晚就都能使用。

在这种类型的仪器中主要用了两种测量方法:后向散射和前向散射。

①后向散射

在这种仪器中,把一束光线聚集在发射器前面一小块体积空气中,接收器装置在同一机壳内且位于光源下面,接收取样空气块的后向散射的光。见图 3.54。

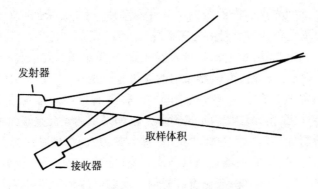

图 3.54　能见度仪测量后向散射

依据这种方式制成的散射仪如图 3.55。它的工作过程是：发射器发射的脉冲光被采样空气散射后，由光敏接收器接收。光敏元件把光脉冲转换成电脉冲，经转换后给出能见度值。图示发射器与接收器光轴在大约 15m 处相交。这样大的距离足以防止仪器及支架的热量对采样空气的影响。使用脉冲光可以把被测的散射光与杂散光区分开。

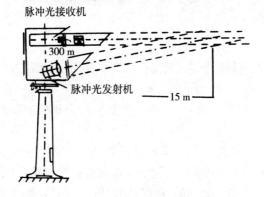

图 3.55　后向散射仪

②前向散射

前向散射仪主要由发射器和光敏管接收组成，发射器与接收器分立两侧成一定角度，光束略图见图 3.56。当大气很清洁时，很小的散射光进入光敏管；当空气浑浊能见度不好时，被雾滴或其它粒子散射的前向散射光进入光敏管接收器，经放大电路放大，产生的电压值与能见度值成对应关系。此类仪器中有的可测到高达 20 km 的能见距离。对夜间能见度能进行自动订正。对于因取样空间较小导致资料代表性较差的问题，可通过取大量样本及删除极值，进行滑动平均来解决，此类仪器测量动态范围大，与透射仪相比对污染的敏感性相对较低，目前已广

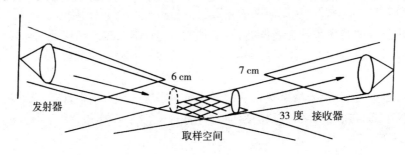

图 3.56　能见度仪测量前向散射

泛应用于自动气象站及一些特殊的应用场合,如高速公路能见度的测量。

③WT-1 型前向散射能见度仪

WT-1 型前向散射能见度仪由稳定的红外发射光源,高灵敏度、大动态范围的红外散射光接收器,信号采集与处理,控制器,加热器,电源,调制解调器,防辐射罩等单元组成,见图 3.57 和 3.58。

发射器中,定时晶体振荡器产生 2.3KHz 的脉冲,分别送到接收器和同步相敏检测电路和发射光源驱动,采用负反馈回路提高发光功率的稳定性,直接检测发光功率,以提高测量精度,见图 3.59。

接收器中,前置放大器采用低噪声、高增益、大动态电路,进行模拟信号相干积累,降低环境光的干扰,增强了接收弱信号的能力,见图 3.60。

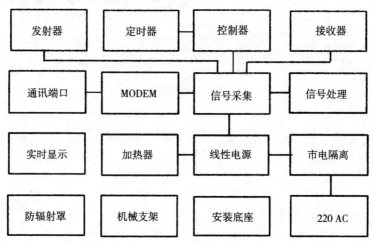

图 3.57　WT-1 型前向散射能见度仪组成框图

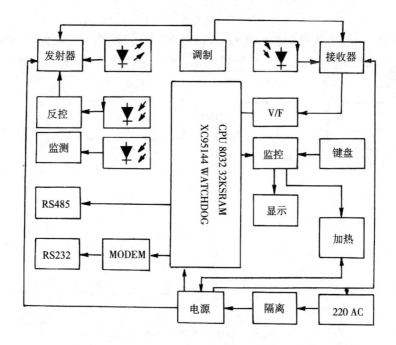

图 3.58　WT-1 型前向散射能见度仪总体电原理框图

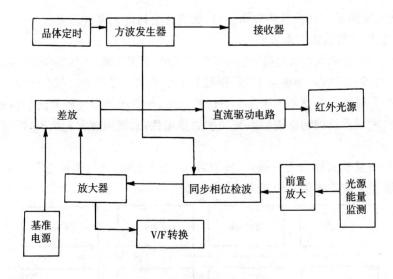

图 3.59　发射器原理框图

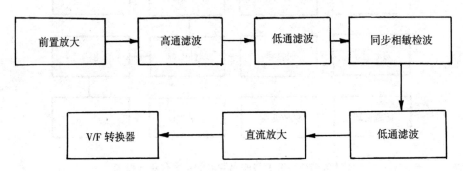

图 3.60　接收器原理框图

信号采集处理器中,采用贴片低功耗 CPLD 门阵列电路,缩小电路体积,增强稳定性、可靠性。其电原理框图见图 3.61。整个电路采用大规模可编程器件、贴片工艺,体积小,升级灵活方便,易于扩充。

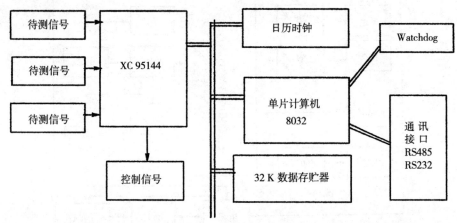

图 3.61　前端信号采集器原理框图

信号处理软件流程：

采样频率0.8秒，连续采样5秒，时间常数为60秒。通讯采用CRC校检，中断接收与上位机的双向通讯命令。分别采集散射光信号及背景光信号，消除雨滴等强信号。其流程图见图3.62。

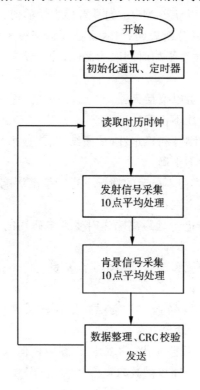

图3.62 前端信号采集器处理流程图

状态监控检测环境温度及通讯、发射器、镜头等状态，温度低于设定值时加热，其它状态出现异常时，发出警告信息。

能见度估算：按照公式
$$MOR(m) = \frac{3000}{\sigma(1/km)} \cdot \alpha$$

计算气象光学视程；σ 为消光系数；α 为校正系数，对高能见度自动增加积分时间常数。气象能见度或气象光学视程 MOR 用米或千米表示。能见度测量的误差与能见度值成比例增加，据此，记录能见度时分段逐步降低分辨率，分别为 10 m，50 m，100 m，1000 m，2000 m，4000 m 等。

电源：采用线性电源。另有两组 24 伏交流供加热。

校准：整机采用标准的等效光学散射靶进行机电单元的校准，在实验室进行。在室外利用激光测距仪，测定选定目标物的距离，以此作为参考标准对能见度仪进行再标定。

3.10.5 测量气象光学视程的误差来源

所有用来测量 MOR 的实际使用的仪器，相对于观测员所观测的大气来说只是采集了相当小范围的大气样本。仪器能对 MOR 提供一个准确的测量，仅当它们所取样的空气体积代表了观测点周围以 MOR 为半径的区域内的大气。很容易设想在出现不均匀的雾或局地的雨或雪暴的情况下，仪器的读数可出现误导。然而，经验表明，这种情况并不经常发生。用仪器连续监测 MOR 常会比不用仪器的观测员提前检测到 MOR 的变化。尽管如此，对 MOR 的仪器测量的理解仍必须小心谨慎。

当讨论测量的代表性时,另一个应该加以考虑的因素是大气本身的均匀性。对所有的MOR值,一个小体积大气的消光系数通常快速地不规则地波动。由于内装平滑或平均系统的散射仪和短基线透射仪得到的单个MOR测量值,可表现出明显的偏差。因此有必要进行多次采样并将它们进行平滑或平均以获得MOR的具有代表性的值。对WMO第一次能见度测量相互比对(WMO,1990b)的结果分析表明,对大多数仪器来说平均时间超过1min没有什么好处,但是对"噪声最大"的仪器而言平均时间取为2min是合适的。

(1)透射仪的准确度

透射仪测量中的误差来源可以概括为:

①发射器和接收器的准直性不正确;

②发射器和接收器安装的刚性和稳定性(地面结冻、热应力)不牢靠;

③光源的老化和中心位置不正确;

④校准误差(能见度太低或在不稳定的情况下进行校准影响消光系数);

⑤系统的电子设备的不稳定性;

⑥消光系数作为低通信号进行远距离输送时受到电磁场的干扰(尤其是在机场),最好是对此类信号进行数字化;

⑦来源于日出或日落的干扰和透射仪初始定向不良;

⑧大气污染沾污光学系统;

⑨局地大气状况(阵雨和强风、雪等)导致不具代表性的消光系数读数或背离Kcschmieder定律(雪、冰晶、雨、沙等)。

若在仪器光学路径的消光系数能代表MOR范围内任何一处的消光系数值,使用经过正确校准并良好地维护的透射仪应能提供具有良好代表性的MOR测量值,然而,透射仪只在一个有限的范围内能提供准确的MOR测量。图3.63表示相对误差如何随透射率变化而改变,此时假定透射因子测量的准确度因子T为1%。

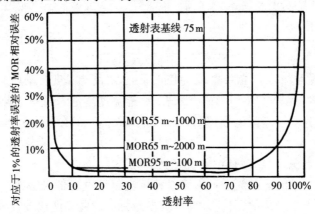

图3.63 气象光学视程的测量误差表示成透射率误差1%的函数

这种1%的透射误差值对于许多旧式仪器来说可认为是正确的,其中不包括仪器的漂移,光学组件积尘,或由于现象本身引起的读数分散。如果精确度降到2%~3%左右(考虑其它因素在内)那么图中垂直轴给出的相对误差必须乘以同样的因子,即2或3倍。还应注意到在曲线的两端相对MOR测量呈指数增长,从而决定了气象光学视程测量范围的上限和下限。对基线为75m而言,若在每一个测量范围的末端,对5%、10%、20%的误差均可接受,则曲线所示的例子就表明测量范围的限制。对于 MOR 测量范围在基线长度的 1.25 倍和 10.7 倍之间,假设 T 的误差为 1%,可以推断相应的 MOR 误差应小于或等于在 5%。当 MOR 小于 0.87 倍基线长度或大于 27 倍该长度时,相应的 MOR 误差会超过 10%。测量范围超过越多,误差增长越快且变得无法接受。

从 WMO 第一次能见度测量相互比对(WMO,1990b)的结果表明,适当校准和维护得最好的透射仪提供 MOR 的测量值,当 MOR 高达 60 倍于其基线时只有约 10% 的校准误差。

(2)散射仪的准确度

由散射仪造成的 MOR 测量值误差的主要来源是:

①校准误差(能见度太低或在影响消光系数不稳定条件下进行校准);

②系统的电子器件的不稳定性;

③将散射系数以较弱的电流或电压信号进行远程传输时,受电磁场的干扰(特别是在机场)。这时最好采用数字化信号;

④日出日落的干扰,以及仪器初始取向不良;

⑤光学系统受大气污染的沾污。(这些仪器和透射表相比,对其光学系统上的灰尘不那么敏感,但是严重的污秽则仍有影响。);

⑥大气条件(雨,雪,冰晶,沙,局地污染等)得出的散射系数不同于相应的消光系数。

从 WMO 第一次对能见度测量相互比对的报告结果看,用散射仪测定低 MOR 值远没有用透射表测得精确;在其读数中表现出很大的变动性。还有明显的证据表明,散射仪作为一种测量手段,较透射仪受降水的影响要大一些,最好的散射仪只很少或不受降水的影响。它在 MOR 大约从 100 m 到 50 km 的范围内,只有约 10% 的校准偏差。在相互比对中,几乎所有的散射仪器都在其部分测量范围内表现出显著的系统误差。散射仪对其光学系统的污染程度显示出非常低的敏感度。

第四章　数据采集器

4.1　概述

数据采集器是自动气象站的核心,其主要功能是将传感器所测得的各种电信号进行获取、处理,并计算出相应的工程量,按一定的格式存储。数据采集器一般是基于单片机的智能采集板,它与 PC 机的接口通常是 RS232,用于数据传送。

数据采集器与传感器的接口有以下几种:

模拟量,包括电压、电流、电阻,如常用的 Pt100 铂电阻;

频率量,如风速的输出;

触发脉冲(又称开关量),如翻斗雨量计;

数字编码信号,如码盘式风向标;

智能接口,如 RS232,485/422,SDI-12,CAN 总线等。

数据采集器为了能够测量多路模拟信号,必须具备以下基本电路:

多路模拟开关电路;自动量程放大器,一般是:X1,X10,X100;12-22 位的 A/D 转换器,用于将模拟信号转换为数字信号;恒流或恒压源,用于传感器激励。

随着大规模集成电路的技术进步,尤其是以计算机为核心的信息产业(IT)的发展,数据采集器从构成到应用都得到了飞越式的发展。总体来看,数据采集器经过以下几个发展应用阶段:

以 8 位单片机为基础的,应用汇编语言编程的早期采集器,比如芬兰 VAISALA 公司的早期产品——MILOS200;速度较慢,处理能力有限,具有模拟、数字接口,但没有智能接口。

以 16 位处理器为基础的,具有用户高级语言的中期采集器,比如芬兰 VAISALA 公司 90 年代的产品——MILOS500,我国研制的 CAWS600;处理速度较快,具备模拟、数字接口,也可以有 RS232 或 485 智能接口。

以嵌入式微机(Embedded PC)为基础的,具有自己操作系统的近期采集器,比如美国 SUTRON 公司的 Xpert,澳大利亚 DT 公司的 DT800,我国最新研制的 CAWS800 智能数据采集器系统。处理速度很快,具备所有模拟、数字和智能接口,可集成包括 RS232,USB 或 TCP/IP 接口,PC 接口等,它可以被认为是一台"浓缩的计算机"。

4.2　基本要求

数据采集器主要功能是数据采集、数据处理、数据存储及数据传输。其基本要求为:

4.2.1　数据采样速率、算法及项目

数据采样速率及算法应符合第六章中的要求;采样项目应符合表 4.1 中的要求。

4.2.2　数据存储

采集器的电源能保证采集器至少 7 天正常工作,数据存储器至少能存储 3 天的每分钟气压、气温、相对湿度、风向、风速、降水量和下表中所列各项目的每小时正点观测数据,并能在计算机中形成规定的数据文件。

表 4.1 数据采样项目表

2 分钟平均风向	水汽压	蒸发量
2 分钟平均风速	露点温度	日照时数
10 分钟平均风向	本站气压	总辐射曝辐量
10 分钟平均风速	最高本站气压	总辐射最大辐照度
最大风速时风向	最高本站气压出现时间	总辐射最大辐照度出现时间
最大风速	最低本站气压	净全辐射曝辐量
最大风速出现时间	最低本站气压出现时间	净全辐射最大辐照度
瞬时风向	地面温度	净全辐射最大辐照度出现时间
瞬时风速	地面最高温度	净全辐射最小辐照度
极大风向	地面最高温度出现时间	净全辐射最小辐照度出现时间
极大风速	地面最低温度	直接辐射曝辐量
极大风速出现时间	地面最低温度出现时间	直接辐射最大辐照度
降水量	5 cm 地温	直接辐射最大辐照度出现时间
气温	10 cm 地温	水平直接辐射曝辐量
最高气温	15 cm 地温	散射辐射曝辐量
最高气温出现时间	20 cm 地温	散射辐射最大辐照度
最低气温	40 cm 地温	散射辐射最大辐照度出现时间
最低气温出现时间	80 cm 地温	反射辐射曝辐量
相对湿度	160 cm 地温	反射辐射最大辐照度
最小相对湿度	320 cm 地温	反射辐射最大辐照度出现时间
最小相对湿度出现时间	最高草温/最高雪温	最低草温/最低雪温
草温/雪温	最高草温/最高雪温出现时间	最低草温/最低雪温出现时间

4.2.3 数据显示

能够直接从数据采集器的显示器或通过气象业务通用显示屏上读取以下所需的数据：

(1)可读取瞬时的数据有：

风向、风速、气温、相对湿度、本站气压、降水量、各层地温、各种辐射的辐照度等。

(2)可读取人工编报所需的定时数据有：

2 分钟平均风向

2 分钟平均风速

气温

露点温度

本站气压

海平面气压

3 小时变压

24 小时变压

24 小时变温

24 小时内最高气温

24 小时内最低气温

12 小时前的气温

1 小时内累计雨量

3 小时内累计雨量

6 小时内累计雨量

24 小时内累计雨量

1 小时内极大风速的风向

1 小时内极大风速

6 小时内极大风速的风向

6 小时内极大风速

4.2.4 采集器时钟

数据采集器的时钟准确度要求为:时钟误差≤30 s/月。

4.2.5 采集器供电

采集器应配有蓄电池及电源控制系统,同时数据采集器可以使用交流或直流供电。

4.2.6 自检功能

要求采集器在通电后或通过控制命令,进行采集器自检,并将自检结果(采集器工作状态)上报给上位机或在采集器的显示器上显示。

4.2.7 报警功能

采集器在正常工作时,应具有在线检测功能。当采集器检测出故障时,如出现某个测量通道测量值超差、电源电压低等故障时,采集器应输出相应的报警信息。

4.2.8 故障定位功能

维护人员可通过相应命令对采集器进行查询,要求采集器将故障定位到最小可更换单元。

4.3 早期采集器结构原理

早期自动气象站的采集器一般采用 8 位单片机作为中央处理机,软件采用汇编语言编写。例如:芬兰的 MILOS200 自动气象站、国内的 ZQZ-CⅡ型地面有线综合遥测仪等产品,均采用 8031 单片机作为中央处理机,可完成对传感器的数据采集及处理功能。早期的采集器只有简单的系统监控和维护功能,通讯方式比较单一。采集器由单片机控制电路、程序存储器、数据存储器、传感器测量接口电路、通讯接口电路及电源控制电路等主要单元所构成。采集器的原理结构框图如图 4.1 所示。

4.4 中期采集器结构原理

中期数据采集器基于 16 位处理器、DOS 操作系统,可采用高级语言编程。如芬兰 MILOS500 自动气象站,我国研制的 CAWS600 型自动气象站,后者采用 64180 微处理器(16 位)作为中央处理器,可完成对各气象要素的数据采集、数据处理、数据存储及通讯等功能。下面以 CAWS600 型自动气象站中的数据采集器为例,介绍其结构及工作原理。

4.4.1 外部特性

CAWS600 型自动气象站的采集器功能完善、可靠性高、测量通道适应性强,通过各种通

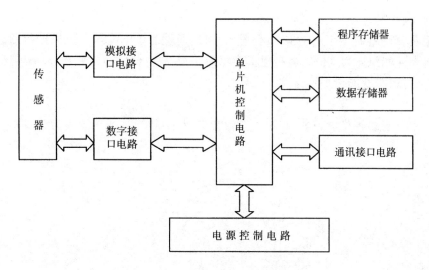

图 4.1　早期采集器结构框图

道的组合使用,可采集各种类型的标准传感器信号。

(1)模拟输入通道

- 具有 10 个差分或 30 个单端的输入模拟通道
- 采样速率 25 次/每秒
- 线性度<0.05%
- 输入阻抗 1 MΩ 或>100 MΩ 可选
- 每个通道都可为传感器提供 4.5 V,250.0 μA,或 2.500 mA 的电压或电流激励信号
- 采集器能够自动的选择每一个模拟输入通道的测量范围及输入信号的类型,见表 4.2。

表 4.2　采集器测量范围及测量分辨率

输入类型	通道数量		范围/单位	分辨率
	差分	单端		
直流电压	10	30	±25 mV	1 μV
			±250 mV	10 μV
			±2500 mV	100 μV
直流电流	10	40	±0.25 mA	200 nA
			±2.5 mA	1 μA
			±25 mA	10 μA
电阻	10	20	10 Ohms	0.5 mΩ
			100 Ohms	5 mΩ
			500 Ohms	50 mΩ
			7000 Ohms	500 mΩ
频率	10	30	0.1 Hz—20 000 Hz	0.01%

(2)数字输入/输出通道

- 具有 4 个 TTL/CMOS 兼容的数字通道,用于监测数字状态,数字事件及低速计数(10 Hz,16 bit,可预先调整),所有数字输入端可作为数字输出端使用。
- 3 个高速计数器(1 KHz 或 1 MHz,16 bit,可预先调整)
- 所有模拟通道可以作为数字通道使用

69

（3）通讯接口

数据采集器配备有一个RS232串行通讯接口，通过通讯电缆与上位机进行通讯，配备通信转换器最大遥测距离为2 km，最高通讯速率为9600波特（可选）。另外，采集器还配有一个RS485接口，可以与智能传感器连接。

（4）供电方式

数据采集器有多种供电方式，可采用交流方式供电，也可以采用直流方式供电，供电方式如下：

供电方式	电压范围
交流	9～18V
直流	11～24V
9V碱性电池	6.2～10V
6V凝胶电池	5.6～8V

（5）功耗

当采集器处于休眠状态时，功耗较小，不同的供电方式，功耗也不同，具体功耗如下：

供电方式	采集器工作方式	功耗（典型值）
电池	工作	100 mA
电池	休眠	0.36 mA
交流/直流	工作	105 mA
交流/直流	工作&充电	600 mA
交流/直流	休眠	5 mA
交流/直流	休眠&充电	500 mA

4.4.2 组成单元

数据采集器主要由模拟接口适配电路、数字接口适配电路、A/D转换电路、微处理器控制电路、电源控制单元及通信等部分组成。采集器结构框图见图4.2。

模拟接口适配电路的作用是接收传感器输出的模拟信号及输入阻抗匹配。另外，根据传感器使用要求还可以输出电压或电流激励信号。数字接口适配电路接收数字信号，如风向传感器输出为格雷码数字信号，可以直接与该接口相连。计数器接口是专门为雨量、风速等传感器设计的，这类传感器输出的是频率信号，为了保证采样准确度，故采用计数器方式计数。自动增益放大器的功能是将传感器输出不同的电压信号转换为V/F转换器所要求的电压值。模拟开关作用是按照时序要求对每个通道分时地进行数据采集。可编程定时计数器与V/F转换器组合成A/D转换单元，完成将模拟信号转换为数字信号的功能。微处理器是采集器的核心，通过软件编程完成数据采集、数据处理、数据存储及通讯等功能。电源控制单元的作用将输入的交流电压、直流电压及蓄电池电压转换为标准的±5V电压。

4.4.3 工作原理

（1）模拟接口适配电路

模拟接口适配电路如图4.3所示，输入电路连接各种传感器，它根据不同传感器的特点，采用不同的连接方式。

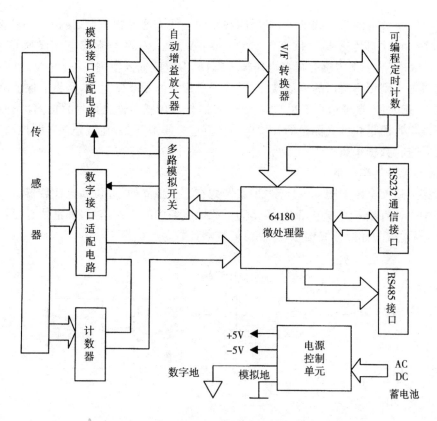

图 4.2 数据采集器结构框图

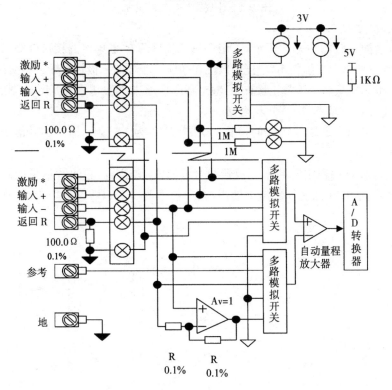

图 4.3 模拟接口适配电路

每一个模拟接口有四个接线端子,采用四线制的接线方法非常方便,"excite ＊"端子是激励信号输出端,可以向传感器提供 2.5 mA、250 μA 及 5 V 的电流或电压激励信号。"＋input"和"－ input"端子是传感器模拟电压输入端,模拟电压输入范围≤±3.5 V。"return"端子是激励信号输出到传感器后的返回端,与该端子所连接的 100 Ω 电阻,是为了保证测量准确度而设计的。"SE ref."端子适用于单端输入的情况,作为传感器输出信号的负端。下面的运算放大器是三线电阻测量和桥式测量的补偿电路。五选一模拟开关,在微处理器的控制下,分时选通各路信号进行数据采集。

(2)计数器接口适配电路

计数器接口适配电路如图 4.4 所示,采集器共有三个独立的 16 位高速计数器。

在电路中设计有输入滤波电路,主要是为了滤掉线路中的干扰信号,施密特触发器的作用是信号整形,整形后为标准方波信号,提供给计数器计数。

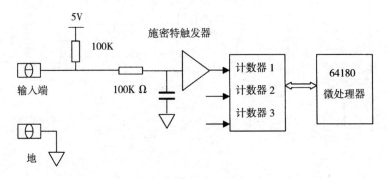

图 4.4　计数器接口适配电路

(3)数字接口适配电路

数字接口适配电路如图 4.5 所示,采用齐纳二极管保护采集器的接口电路,当输入电压大于 30V 时,齐纳二极管起保护作用,电压被嵌位在 30V。下面的三极管是输出驱动器件,数字接口作为输出口使用时,三极管处于截止状态时,输出高点平,三极管处于饱和状态时,输出低电平。

(4)自动增益放大器及 A/D 转换电路

数据采集器采用自动增益可调的运算放大器,增益为 1 倍,10 倍或 100 倍可调,这样可以大大提高采样准确度。

V/F 转换器和可编程定时频率计数器组合成 A/D 转换器,它的特点是测量精确度高,抗干扰能力强,特别适宜在自动气象站上使用,其分辨率为 15bit,转换速率为 25 次/秒。微处理

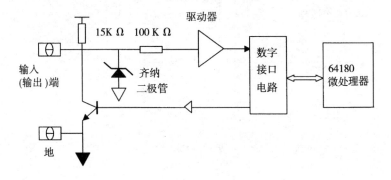

图 4.5　数字接口适配电路

器按照软件设计的要求,发出相应的控制时序。首先控制多路模拟开关,将所采集的通道信号接入到运算放大器的输入端,放大后的信号经过 V/F 转换器转换为频率信号,通过可编程定时计数器进行计数,在规定的时间内,计数器所计数的数值为 A/D 转换后的二进制数据。微处理器根据控制指令,发出控制时序,通过多路模拟开关,进行下一个测量通道的数据采集。

(5)电源控制单元

电源控制单元如图 4.6 所示,输入方式比较灵活,它可以输入 11～24V 的直流电压、9～18V 的交流电压或直接由蓄电池供电。通过整流、滤波电路,转换为采集器所需的±5V 电压,同时提供相互独立的数字地与模拟地。数字地与模拟地在电源控制单元内部一点接地,这样就避免了数字信号对模拟信号产生的影响,提高了数据采集的准确度。

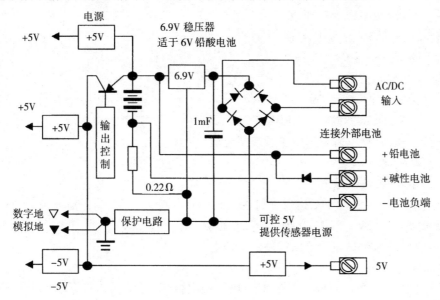

图 4.6　电源控制单元框图

(6)微处理器与通信接口

根据传感器的类型、数据采集及数据处理的方法,需要编制程序,传送到微处理器中进行在线调试,待调试完成后,固化到采集器内的 EPROM 中,程序永久保存。采集器根据存储数据时间间隔的不同,一般可以保存 3～10 天的气象数据。

数据采集器有两个通信接口,一个是 RS232 串行接口,它可以与上位计算机相连,最高传输速率为 9600 波特。计算机可以通过指令,接收采集器的数据,进行进一步的数据处理工作,如做编制气象报文、绘制误差曲线及气象图形显示等工作。另外,在自动气象站没有配备计算机的情况下,如中小尺度气象站,RS232 串行接口可以与调制解调器相连,通过无线或有线(如电话线)等方式进行通信,将数据传输到中心站。为了保证通信质量,防止干扰或雷击,RS232 接口与采集器之间电气隔离,隔离度为 500V。采集器配备的另外一个通信接口是 RS485 接口,它可以与所有的智能传感器相连,通过该接口进行数据采集。

4.5　近期采集器结构原理

随着电子技术的迅猛发展,数据采集器也在趋于不断的完善,高度模块化、多功能低功耗是数据采集器发展的趋势。目前较先进的数据采集器采用嵌入式微机作为中央处理器,如我国最新研制的 CAWS800 智能数据采集器系统,采用 AMD ELAN SC400 嵌入 32 位 486 微处理器,主频 66 MHz,并安装有 Windows CE 作为操作系统平台,具有高度智能化和模块化,形成了很强的可扩展性和较高的可靠性。

下面以 CAWS800 型自动气象站中的数据采集器为例,介绍其结构及工作原理。

4.5.1 外部特性

CAWS800 数据采集器是一种高度模块化、多功能低功耗的气象数据采集器,采用了先进的关键数据采样技术和数据处理技术,基于嵌入式微机的高度智能化和模块化,形成了很强的可扩展性和较高的可靠性。可根据用户需求,配接不同种类的传感器和通讯载体及模块化的软件包,形成系列产品。

(1)模拟输入通道
- 具有 10 个差分输入模拟通道
- 模拟信号采用 16 位 A/D 转换
- 单端测量范围:0～5V
- 差动测量范围:－2.5～2.5V
- 准确度:25℃时 0.02％FS
  　　　　－40～60℃时 0.1％FS
- 通过 I²C 接口,根据需求可以扩展模拟通道

(2)数字输入/输出通道
- 8 个数字输入/输出通道
- 采样速率:0.5～2000 Hz,通道 1 可达到 8 KHz
- 作为输出:高 15V,低 0V,负载 80～125 欧姆,低于 70 mA
- 通过 I²C 接口,根据需求可以扩展数字通道

(3)通讯接口
- 3 个 RS232 接口(COM1～COM3)可以连接上位机、各种通讯接口(如 MODEM、卫星通讯、无线通讯等)、以及各种智能传感器
- I²C 接口,可由扩展总线接口连接更多的输入输出通道
- RS485 通讯口、SDI12 通讯口,可连接各种智能传感器

(4)工作环境
环境温度:－50～60℃
环境湿度:0～100％RH
输入电压范围:10～15VDC

4.5.2 采集器结构

CAWS800 数据采集平台基于 486 微处理器、Windows CE 操作系统。传感器通过模拟通道、数字通道、智能通讯口等连接到系统中。对于数据获取,提供一个主通讯口实现与采集器的实时在线交互。采集器外形如图 4.7 所示。

(1)采集器核心单元

嵌入式微机结构,基于 486 微处理器,Windows CE 操作系统,完成数据采集、数据处理、数据存储及通讯等功能。

(2)通道基本配置

A 组模拟通道接口和 B 组数字通道接口集成在一块接口板上,通过总线与嵌入式微机进行数据传输。

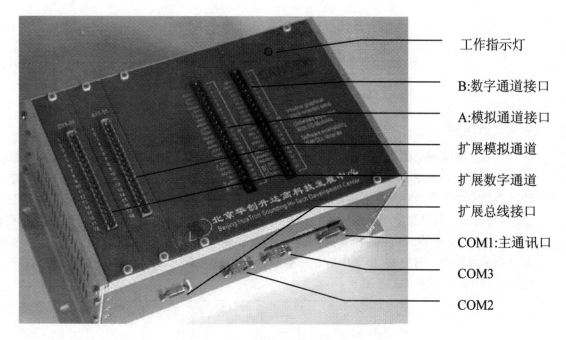

图 4.7 CAWS800 数据采集器外形图

（3）扩展通道

从图 4.7 中我们可以看出，该采集器增加了模拟、数字 2 块通道接口板，一块扩展模拟通道板可有 6 个模拟输入通道，一块扩展数字通道板可有 8 个数字通道。此外，利用 I^2C 接口方式根据需求还可由总线接口连接更多的扩展输入输出通道。

（4）通讯接口

具有三个 RS232 接口（COM1～COM3）、一个 RS485 通讯口和一个 SDI12 通讯口，可以通过上述接口连接上位机、各种通讯接口（如 MODEM、卫星通讯、无线通讯等）、以及各种智能传感器。

4.5.3 采集器显著特点

（1）整个系统采用高度模块化、智能化的设计，可处理满足从简单到复杂的需要，可用来进行大范围的远程监控；不仅可以作为自动气象站的采集处理部件，而且可以扩展为一个独立的具备多种通信能力的子站。

（2）模拟通道和数字通道在理论上可无限扩张，扩展的手段是将多块 I/O 模块扩展板，以总线的形式连接。

（3）采集器软件是模块化并且利用 DLL 动态连接库。DLL 是额外的软件部件，可在任何时候添加到系统中工作而不需要更新主软件。

（4）数据存储采用 FLASH 硬盘的方式，还可以通过 PCMCIA 插槽进行存储扩展。数据存储的特点是以 LOG 文件的方式，可以相互独立，安装与设置发生变化以及断电等情况下并不影响纪录的数据。

第五章 电源和外围设备

5.1 电源

  自动气象站的电源是非常重要的。可以说,在不太长的时间内自动气象站将会遍布全国,无论是人群密集的城市乡村,还是人烟稀少的高山、海岛,都可能安装自动气象站。这就要求自动气象站的电源在各种情况下都能不间断地供电,使之能不间断地可靠测量、传输。由于这些原因,绝大部分自动气象站都采用蓄电池作为基本能源,而用市电、太阳能或其它能源作为蓄电池的补充。这种模式可以增强系统的抗干扰能力,使测量更加准确可靠。因此要求电源控制部分能够可靠地控制电池的充放电,并对电池保护,电源控制部分的自功耗要尽可能小。自动气象站电源的组成框图如下:

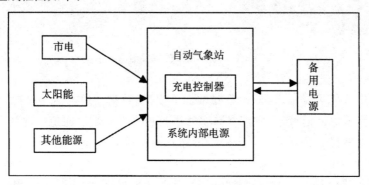

图 5.1 自动气象站电源框图

5.1.1 内部电源

  有些自动气象站有内部电源,给功耗很低的日期时钟芯片供电,用以保证日期时间的连续。也有些自动气象站同时给存储器或部分存储器供电,用以保证重要的数据或信息不丢失。这些内部电源主要是靠电池供电(其示意图如图 5.2 所示)。在有外电源供电时切换到外电源供电,外电源关闭时切换到内部电源供电。这种电源的电池一般安装在电路板上,体积不可能太大。在无外电源的情况下可维持时间应尽量长,一般可维持几年。这就要求电路功耗很低。以前有的自动气象站有同时给存储器供电的方式,由于集成电路的飞速发展,逐渐改成使用不供电也不会丢失数据的器件了。还有些系统总保持同时给 CPU 及周围电路供电,这种电源的电池容量比前者稍大,而且是可充电的。

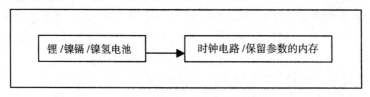

图 5.2 自动气象站内部电源框图

5.1.2 主电源

系统主电源是指地面自动气象站的主要电源,它包括电池和检测、控制电路部分。一种主电源大部分时间是靠市电变换后输出供电的,只有在无市电时才切换到电池供电;还有一种主电源大部分时间是依靠免维护的铅酸蓄电池输出供电的,在需要充电时,可以用市电转换后给它充电,也可以用太阳能给它充电,还可以用其它能源给它充电,比如发电机等。由于我国现在城市、农村、边远地区用电的现状参差不齐,后一种主电源适用范围更宽一些。

主电源经常给出一些指标,如

交流输入范围:180~240V

频率:50~60Hz

直流输入范围:14~20V

自功耗:小于(60)mW

可靠性:平均无故障时间不小于(2000)小时

停电:可维持(3)天

交流输入范围:有的电源能做到85~280V。

直流输入范围:根据采集器的输入电压要求或充电控制器的输入电压要求而定。大部分电池选用的是普通铅酸免维护电池,也有部分为了适应低温而选用特殊电池。普通铅酸电池是一种消耗品,正常使用情况下能用三年左右,到时间需要更换。

电池的容量和采集器等功耗关系密切,在无外输入的情况下可维持时间从两三天到十几天不等,视具体情况而定。例如,一个自动气象站在无市电的地方,只能用太阳能给蓄电池充电,这里的天气一年里出现过十几天的阴雨天气,那么,设计蓄电池容量时,就要保证在十几天不充电的情况下能正常供电。

交流或直流输入的连线可能会引来雷电干扰,因此有一个电源避雷器是必须的。交流输入要有过流保护,经降压、整流、滤波、DC—DC 变换后才能使用,要有一个控制器检测电池电压高低、控制是否输出、是否充电、输出声光指示等。控制器以前不少是用硬件组成,所以器件多,可能出现的故障也多;现在集成控制电路 MCU 发展飞快,已经有不少物美价廉的产品,可以用微控制器检测控制,用软件设置参数更方便,器件少了许多,可能出现的故障也必然少了许多。再进行筛选、老化,一定会进一步提高平均无故障时间。

蓄电池充电一般有两种方式,一种是恒流充电方式,一种是恒压限流充电方式。恒流充电方式的优点是对电池的充电电流固定,充电消耗功率固定;缺点是,如果充电电流大了,会对电池造成损害,如果充电电流小了,要用较长的时间才能充满,这会延误使用。恒压限流充电方式的优点是:缺电多时充电电流大,恢复得快;缺电少时充电电流小,更能充得比较满。缺点是:如果缺电太多时,要用很大电流、很长时间电池电压也不一定能充上去(此时,电池可能已经损坏,充电器也可能早已超载)。

蓄电池充电控制一般有两种方式,一种是充、放控制充电方式,另一种是浮充控制充电方式。充、放控制充电方式的优点是充电、放电交替进行利于激活蓄电池,延长蓄电池的使用寿命;缺点是测量控制电路复杂一些。浮充控制充电方式的优点是控制电路简单一些;缺点是不利于激活蓄电池,也就不利于延长蓄电池的使用寿命。

现在用微控制器检测电池,控制输出、充电已经很方便。如图 5.3 所示。用软件来设置阈值更加机动、方便,用充、放控制充电方式给电池充电,停止充电后改用小电流浮充,延长充电间隔,也就是延长蓄电池的使用寿命,这种模式已经成为一种趋势。

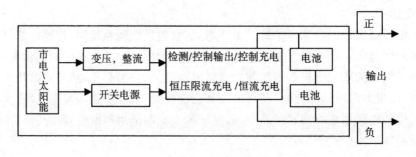

图 5.3　电源控制器示意图

5.1.3　备用电源

备用电源指的是当主要电源停止供电后继续保证供电的电源。比如,主电源是市电经变压、整流、DC 转换之后供给系统工作的,如果市电停电,要想继续工作就要靠备用电源维持了。这里的备用电源的容量和保证系统工作时间关系密切,备用电源一般是可重复充电的,在一定的时候要求充电,否则这个过程就是不可重复的了。再比如,主电源是免维护的铅酸电池,备用电源是太阳能电池,主电源在有太阳能输入时给铅酸电池充电,以保证长期供电。太阳能电池在无市电地区尤为重要,而且它又是绿色环保能源,值得大力推广。太阳能电池是一种有效地吸收太阳能辐射并使之转化为电能的半导体电子器件。现在我们常用的有两类,一类是单晶硅做的太阳能电池,这种电池转换效率较高,使用寿命较长,但价格高;另一类是多晶硅做的太阳能电池,这种电池转换效率较低,使用寿命较短,但价格便宜一些,尤其薄膜多晶硅太阳能电池价格便宜、使用方便。现在有的国家已经研制出转换效率和单晶硅相当的多晶硅电池(转换效率 17%),随着制做太阳能电池技术的发展,普及程度会更高。

5.2　外围设备

自动气象站的外围设备主要包括微机、打印机、显示器、通讯及远程监控等设备组成,完成气象观测数据显示和图形显示、气象报表的打印输出、人机对话、远程通讯及远程监控等功能。

5.2.1　微机

微机是自动气象站系统的中心处理设备,又称为主控机。是自动气象站人机接口的主要媒介,实时显示观测数据,CAWS600 型自动气象站的显示界面如下图 5.4 所示:

微机的基本配置要求:

CPU:PII300 以上

内存:64M 以上

硬盘:空余 500M 以上

显示:能支持 800X600,16M 颜色

串口:至少 2 个

网卡:10MHz/100MHz(可选)

外设:3COM 56K MODEM(可选)

工作环境:

温度:0~+40℃

相对湿度:0~90%

供电:交流 220V±10%

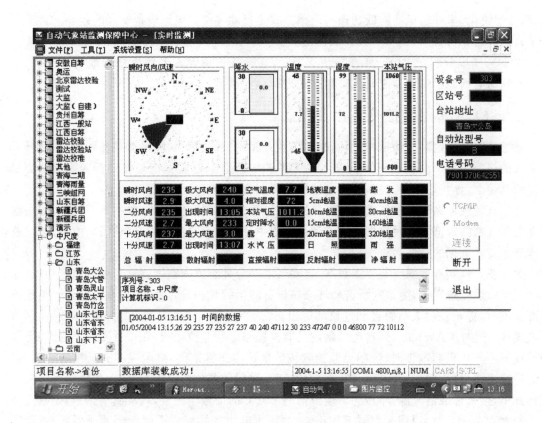

图 5.4　自动气象站的显示界面示意图

5.2.2　打印机

打印机是自动气象站的输出设备,可打印出实时与非实时的显示数据、报文、报表等。为了便于打印气象观测数据报表,一般选用宽行针式打印机,如:LQ－1600KⅢ型打印机,其基本规格要求如下:

打印方式:24 针点阵击打式

打印速度:汉字:184cps

英文:300cps

额定电压:AC 220V±10%

额定电流:0.5A

工作温度:5～35℃

湿度:　　10%～80%

另外,根据用户需求也可以选用喷墨或激光打印机。

5.2.3　显示器

显示器用于显示自动气象站的观测数据及系统的运行状态,可以显示实时观测数据和查询历史观测数据,通过控制命令可以显示自动气象站的运行状态和故障报警信息。同时可连续监测选定项目的动态曲线,可对各观测项目按月或年为时段对各观测要素以图形或曲线的方式进行统计或分析,生成"风玫瑰图"、"降水磅值图"、"湿度曲线"等图形信息。

5.2.4　通讯设备

随着通讯技术的迅猛发展,自动气象站的通讯手段也在趋于不断的完善,根据用户实际需求,高度模块化、多种通讯功能低功耗的通讯方式是自动气象站通讯设备发展的趋势。自动气象站常用的通讯方式有:同步专线广域网方式(同步 X.25、帧中继)、通过 Modem 电话直拨方式(PSTN)、异步专线方式(X.28 或异步 X.25),在一些边远无人等环境恶劣地区,可以采用全球通移动电话调制解调器或无线扩频方式进行远程通讯。

5.3 自检与远程监控

要想准确地测定某一参量,必须同时具备两方面的条件:第一,测量器具性能完好,器具本身引入的误差应能即时校准和修正;第二,测量方法要适当,这就是说要在分析影响参量测量精度的基础上,寻找适当的方法,使得上述影响降到测量精度允许的范围内。

使用自动气象站来获取气象要素产品数据时,测量器具就是自动气象站本身,测量方法蕴含在自动气象站数据采集及数据处理的运行过程中,例如:有关参量的选取、门限值设定、求取基本气象要素数据的算法等。

为了获取真实有效的气象要素数据,自动气象站应具有机内在线自检与远程监控功能,在自动气象站运行过程中,能够判断自动气象站设备的运行状态是否良好,如有问题且影响到测量准确度时,提示观测人员将自动气象站退出正常运行,转入离线自检,并能将故障定位到可更换模块。例如:CAWS600 型自动气象站具有自检与远程监控功能,在正常工作时,如在屏幕中出现显示红色气象数据时,说明已监控到该数据超出正常范围,提示观测人员加以注意,必要时进行离线自检。例如,气温显示数据为红色时,说明气温数据异常,观测人员可以将气温传感器卸下,接入标准信号源,即传感器模拟器的+50℃的信号输出端,观察测量结果。如果气温显示数据为+50℃时,说明采集器工作正常,故障可能由连接线或温度传感器所引起,否则该故障可能由防雷板或采集器所引起,使用这种方法很容易将故障定位到最小可更换单元。

另外,自动气象站在组网后,远程监控功能是必不可少的,中心站可以通过省内的主要通信线路以及辅助通信线路访问到台站,可以实时监测台站数据,并且可以通过台站的计算机访问采集器,进行远程控制可通过控制命令和传感器模拟器将故障定位到可更换模块。同时,也可指导台站进行子站维护与紧急故障排除。

第六章　采样和算法

大气变量如风速、温度、气压和湿度都是四维变量(两个水平方向,一个垂直方向和一个时间)。这些变量在四维中不规则地变化。研究采样的目的是要找到确定的、实用的测量方法,使得所观测到的平均值和变化量不但具有代表性,而且所获得的测量值的不确定度符合用户的要求。

气象变量的采样可以采取这样的方法:

即使用响应时间比大气波动要长一些的仪器,在确定的采样间隔内,获取有代表性的平均值。

利用时间序列分析理论、波动频谱概念和仪器过滤器的性能等对采样方法进行深入研究。对于某些更为复杂的问题,可以用相对快速响应的仪器去测得满意的平均值,或者测出快速变量的频谱。典型的例子是风的测量。

从理论上说,我们所观测到的气象变量的数值是近似值。由于传感器的响应要比大气的变化慢得多,而且还附加了噪声,还有检定值的飘移、响应的非线性、被测量受到干扰、测量故障等等,凡此种种原因,使得传感器不能完全感应大气变量的正确值。

采样是获取一个被测量测量结果的过程。这些测量结果往往是分散的。也就是说,每一次测量结果都不完全相同。

一个样本是传感器的一系列点读数中的单个测量。

一个观测值是对被测量的一次采样。

在自动观测中,一个观测值是多个样本值平均的结果。

测量的定义是:以确定一个量值为目的的一组操作。按照惯例,该术语可以用来指一个样本值或是一个观测值。

采样时间或观测时段是完成观测的时间长度,在此时间内取得一定数量的样本。采样间隔是逐次观测之间的时间。

采样函数或权重函数最简单的定义是各个样本的平均算法或过滤算法。

采样频率是取得样本的频率。即样本之间的时间。

平滑是对频谱中高频成分加以衰减或选择某一频率的过程。平滑可以由低通滤波器、高通滤波器和带通滤波器来完成。这要取决于用户的需要。过滤可以利用仪器的惯性,也可以利用电子的方式或数值的方式来完成。

6.1　时间和空间的代表性

采样是以限定的速率在限定的面积和限定的时间间隔去完成的。观测次数应该这样来选择:不但能代表连续变量在此观测点的特征,而且能够代表两次观测时间间隔内该变量的统计特征。并且能够代表该变量在较长时间间隔和较大面积上的统计特征。观测资料所需要的密度或分辨率,与分析和应用相适应的各种现象的时间和空间尺度两者均有关。对气象现象的水平尺度分类如下:

(a)小尺度(小于 10^2 km),例如雷暴,局地风,龙卷;

(b)中尺度($10^2 \sim 10^3$ km)锋面,云团;

(c)大尺度($10^3 \sim 5 \times 10^3$ km)例如低压,反气旋;

(d)行星尺度(大于 5×10^3 km),例如高空对流层长波。

水平尺度同现象的时间尺度密切相关,因此,短期天气预报要求在一个有限区域内由较密集的站网进行较多时次的观测,以便检测出一些小尺度现象及其随后的发展。当预报时效增长时,要求的观测空间范围也要随之扩大。

气象观测根据其用途要使之具有代表性。例如,天气观测站必须代表其周围达到 100 km 的范围,以便确定中尺度和较大尺度的气象特征。对于小尺度或局地的应用来说,范围可限于 10 km 或更小。观测时次更密,气象站的环境和传感器的安装状况是决定其代表性的关键因素。气象站的代表性误差要远大于单纯的仪器的代表性误差。在丘陵或滨海地区的气象站,对于较大尺度或中尺度来说,似乎不具代表性。然而,即使在不具代表性的气象站,其观测时间上的同一性也是必要的。因为对用户来说,这些资料还是有用的。

6.2 大气的频谱

应用傅立叶变换,可以将不规则的时间(或距离)函数换算成它的频谱,这个频谱是许多正弦波的总和,每个正弦波有它自己的振幅、波长(或时间长度或频率)和相位。这些波长(或频率)被叫做"尺度"或大气的"运动尺度"。

这些尺度的范围,就水平尺度而言,不能超过地球的周长或大约 40 000 公里,垂直尺度不超过几十公里。然而,在时间尺度上,最大的尺度是气候的尺度,原则上没有限制,但是,在实践中,最长的时间长度不超过我们气象记录的时间长度。就短的湍流尺度而言,在靠近地球表面处是几厘米的波长,在对流层中它随高度增加到几米。以时间尺度,这些波长相当于几十赫兹的频率。正确的说,大气变量是受带宽限制的。

6.3 数字滤波

大气中包含了多种在时间和空间上尺度大小不同的运动以及噪声干扰。如何从如此复杂的信息中提取用户所需的信息,是各种不同气象用途所追求的目标。数字滤波是一种较好的选择,它是用某些数学运算的方法,消除不需要的信息和干扰,达到提取所需信息的方法。换句话说,针对气象数据序列予以平滑和频率过滤,保留某一频率范围的气象数据序列。可分为低通滤波、带通滤波和高通滤波三种。例如,为了研究气候变化,可使用低通滤波,滤出某一频率以下的低频成分。为了研究天气变化,可使用带通滤波,滤出指定频率范围的频率成分。为了研究大气的湍流运动,可使用高通滤波,滤出高于某一频率以上范围的高频成分等等。

图 6.1 给出了低、高通滤波的示意图。

各种气象要素距平序列就是典型的高通滤波。

6.4 采样

6.4.1 采样的基本要求

为了满足不同用户的要求,观测应符合下述要求:

在测站附近能得到具有代表性的变量平滑值;

如果需要,就可测定具有代表性的极值,或者离差的其它指标;

观测完成之后,就可以立即识别全部天气尺度的不连续性(例如:锋面)。为了满足这些要

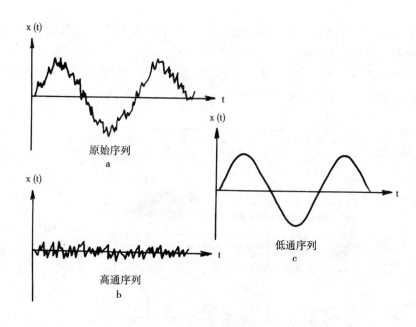

图 6.1　低、高频滤波示意图

求,我们必须选择:

每个变量的适当的采样时间间隔和观测面积;

测量每个变量的合理准确度;

地面以上具有代表性的观测高度。

6.4.2　采样率

为了满足天气学和气候学的要求,需要每半小时到每 24 小时间隔的观测,每次观测的采样时间 1~10 分钟。人工观测中,观测时对仪器(如温度表)进行点读数。并根据仪器的时间常数来确定采样时间。自动气象站通常需要使用快速的传感器,观测时取若干个样本值,经处理后得出平均值为观测值,求取平均值的方法有算术平均、加权平均、滑动平均等。

CIMO 对采样率的实用方案的建议如下:

(1)计算平均值所用的各个样本应该是用等时间间隔采得,此时间间隔必须:

①不可超过传感器的时间常数;或者

②不可超过在快速响应传感器的线性化输出之后的模拟量低通滤波器的时间常数;或者

③样本的数量要足够多,以保证样本值的平均值的不确定度能减少到可以接受的水平。

(2) 用于估计波动极值(如阵风)的样本,常常要求比①和②要快些的采样率(如在一个时间常数内取两次),其采样率应该至少 4 倍于以上①和②中的要求;以获得平均值。

判据①和②用于自动取样。在人工观测中,判据③对较低采样率的人工观测更有用处。

6.4.3　采样位置与观测高度

这里所说的采样位置是指地理位置,观测高度是指传感器离地面的高度。

在大气中,气象变量的变化一般与观测地点和观测时间有关系。即与地理坐标(x,y),高度(z)、时间(t)有关系。现以温度(T)为例。

$$T = f(x,y,z,t) \tag{6.4.1}$$

$$dT = \frac{\partial T}{\partial x}dx + \frac{\partial T}{\partial y}dy + \frac{\partial T}{\partial z}dz + \frac{\partial T}{\partial t}dt \tag{6.4.2}$$

为了使各气象站观测到的温度有可比性,温度传感器必须安装在离地面同样的高度上(我国规定为 1.5 m),而且观测是在同一时间进行。这样,在同一张地面天气图上,各站所观测到的温度只与地理坐标(x,y)有关。

人类的活动主要是在大气边界层内。大气边界层是指大气的最低部分受地面影响的一层,平均厚度约为地面以上 1 km 范围,如图 6.2 所示。

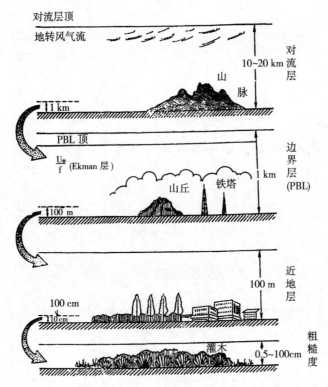

图 6.2　大气对流层的基本划分

在边界层的最下层(又称贴地层),由于大气的动力作用,在地球表面附近的气层中,风速往往有很大的垂直梯度。而风向受地形影响剧烈。

在边界层的上层(Ekman 层),在地转偏向力(又称柯氏力)的作用下,风速随高度而增加。风向从与等压线斜交,造成气流穿越等压线过渡到随高度向右偏转(北半球),最后趋于地转风。因此,风向风速传感器安装在离地面 10~12 m 处为宜。

由于地面的热力作用,低层大气的温度分布也有很大的垂直梯度。

在边界层的贴地层以上,随着地面影响的减弱,在一般情况下,温度开始随高度递减。因此,温度传感器安装在离地面 1.25~2.0 m 处为宜,我国地面观测中,60 年代以前,用 2.0 m;其后用 1.5 m。由于湿度与温度密不可分,因而测湿高度与温度相同。

在大气中,气压的水平梯度较小,但垂直梯度较大,压—高公式较准确地描写了气压垂直变化规律。所以在气压测量中,海拔高度必须准确测量,否则计算出来的海平面气压就不准确,影响到各测站海平面气压的比较性。

雨量是指从天空降落到地面上的液态与固态降水量。除非使用操作不便的标准雨量计,否则雨量仪器总是有一定高度的,但是雨量仪器的存在,必然会使风产生畸变,影响到测量的准确性。因此将雨量仪器安装在短矮的灌木丛中是好办法,但往往没有可操作性。因此,安装高度为仪器自身高度。

日照、辐射、能见度等传感器的安装高度应根据自身特点来决定。

综上所述,自动气象站各传感器安装高度见10.4节。

6.4.4 采样顺序

在一般情况下,自动气象站是在正点时刻快速取样的,但也需要把变化大的气象要素安排在靠近正点时刻进行观测。采样顺序是气温、湿度、降水、风向、风速,气压和地温、辐射、日照、蒸发。

6.5 算法

6.5.1 气象要素的统计特征

在气象统计中,可以把一定自然环境下无限长时间内某一大气现象看成一个总体,而把已有的观测资料看作样本,观测记录的总数就是样本容量。

为了获得有代表性的样本,往往采用简单随机采样的方式。气象观测就是在大气中采样。为了使样本与样本相互独立,必须采用随机采样的方法。就是说,总体中每一个个体,都有可能被采中,而且机会相等。事实上,简单随机采样就是重复独立试验。在气象学中,如果观测是在大自然状况下进行的,那么这种观测可以看作简单随机采样。但是,如果观测中自然环境受到人类活动的影响(如人工降雨、消雹等),那么这样的观测就不能看作简单随机采样。

用简单随机采样方法获得的样本称为简单随机样本。由于我们所讲的都是简单随机样本,因此以下简称为样本。

大气现象的变化是具有持续性和后效性(即现在影响未来)的,一种现象出现以后,往往会影响另一种现象出现的机会,因此,样本的独立性常常不能完全满足。但是,随着间隔时段的增长,大气现象的持续性和后效性往往迅速减弱。因此,在实际工作中,都把这种观测序列近似地看作简单随机样本。

描写各气象要素特性的统计量通常有:平均值、总量、极值、较差、变率等。

6.5.2 自动气象站中的算法

为了捕捉到大气中有意义的波动,自动气象站采用时间常数较小的传感器,并快速取样。然后对取得的各个样本值,或是进行甄别,求取算术平均值作为观测值;或是按样本出现的时间先后,求取滑动平均值作为观测值。

算术平均与通常意义上的平均是一致的,易于以数字化方式实现,比如,使用矩形波串滤波器就可以。指数平均实际上是起到了简单的低通滤波器的作用,易于用模拟电路来实现。实际上,算术平均和指数平均很难区分。

快速响应传感器的输出变化非常迅速,需要用高采样率去获得最优的平均,这种平均可靠性高。这样,往往需要对传感器进行线性化,使得各样本有相等的权重。最典型的例子是阵风的测量,它实际上是一种极值测量。

现在来分析自动气象站中的具体算法。

气温、气压、地温、辐射传感器的时间常数均为20秒左右,湿度传感器的时间常数为40秒左右,它们的采样速率均为每分钟6次,去掉1个最大值和1个最小值,用余下的4个样本值求出的算术平均值为该分钟的观测值,并定义为瞬时值。

这是一种最简单的算法。因为两个样本之间相差10秒钟,在10秒钟之内,上述气象变量到底最大会变化多少,还没有充足的资料。但通过去掉6个样本值中的最大值和最小值,就有可能把粗大误差值剔除了。在6个样本值都正确的时候,去掉最大值和最小值,也不会对最终的平均值产生重大影响。只有在 6 个样本值中,有多个粗大误差存在时,才会出现算法误差。

由于风向、风速在时间和空间上变化较大,风速传感器的时间常数在风速为 5m/s 时为 1 秒;风向传感器的时间常数也是 1 秒。它们的采样速率为每秒钟 1 次,求 3 秒钟、2 分钟、10 分钟的滑动平均值。3 秒钟的平均值定义为瞬时值。由于样本数巨大,所以都视为有效样本参与平均。求 3 秒钟的平均值的目的是为了获取阵风观测值。从理论上说,为了求取阵风值,应该 0.25 秒取一个样本值,然后求 3 秒钟的滑动平均值才合理。但这种方法,在现在的自动气象站中实现还有困难,所以现在的方法是一种折衷方案。2 分钟的平均值用于天气预报。10 分钟的平均值用于气候预测。

(1)平均值

气压、气温、湿度、地温、辐射、能见度均求取 1 分钟内有效样本值的算术平均值。

风向、风速以 1 秒钟为步长,求 3 秒滑动平均值;以 1 秒钟为步长,求 1 分钟和 2 分钟滑动平均值;以 1 分钟为步长,求 10 分钟滑动平均值。

风向、风速采用滑动平均方法,计算公式为:

$$\overline{Y}_n = K(y_n - \overline{Y}_{n-1}) + \overline{Y}_{n-1} \qquad (6.5.1)$$

$$K = \frac{3t}{T}$$

式中 $\overline{Y}_n$:n 个样本值的平均值;$\overline{Y}_{n-1}$:$n-1$ 个样本值的平均值;y_n:第 n 个样本值;t:采样间隔(s);T:平均区间(s)。

风向过零处理采用以下算法计算:

$$设 \quad y_n - \overline{Y}_{n-1} = E$$

若 $E > 180°$,则从 E 中减 360°;若 $E < -180°$,则从 E 中加 360°。再用此 E 值重新计算 $\overline{Y}_n$,若新计算的 $\overline{Y}_n > 360°$,则减去 360°;若新计算的 $\overline{Y}_n < 0°$ 则加 360°。

(2)极值

最大风速从 10 分钟平均风速值中选取。

其他要素的极值(含极大风速)均从瞬时值中选取。

(3)累计值

降水量、日照时数、蒸发量、辐射均计算累计值。

第七章　软件与数据格式

7.1　软件的功能与分类

7.1.1　自动气象站软件的概念与需求

自动气象站软件是针对地面气象观测自动化的需要,围绕各类气象台站地面气象测报业务工作流程而设计的行业性业务应用软件。

(1)自动气象站软件的主要特征:

① 可靠的数据采集功能。

② 良好的上下行通信能力。

③ 能完整地描述台站的各项基本信息。

④ 数据文件标准化与兼容性,并提供清晰的数据流程。

⑤ 遵循观测规范,能够准确无误地执行台站各项观测任务。

⑥ 能有效地对自动气象站实施终端维护与保障。

⑦ 用户操作界面友好,能有效地提高台站工作效率。

⑧ 提供良好的数据接口,便于开发二次产品。

(2)自动气象站的软件需求分析:

Frederick Brooks 在 1987 年的经典的文章"No Silver Bullet:Essence and Accidents of Software Engineering"中充分说明了需求过程在软件项目中扮演的重要角色:开发软件系统最为困难的部分就是准确说明开发什么。最为困难的概念性工作便是编写出详细技术需求,这包括所有面向用户、面向机器和其它软件系统的接口。同时这也是一旦做错,将最终会给系统带来极大损害的部分,并且以后再对它进行修改也极为困难。

本软件所面向的用户群:主要是开展地面气象观测业务的观测员,他们分布在全国各省市各个专业气象台站。

① 面向机器(硬件设备)的接口:a. 面向各种类型自动气象站的数据/控制通信接口,要求能兼容各种业务上使用的自动气象站的类型。b. 各种类型的数据包的解包、处理接口。c. 故障诊断、分析、排除处理接口。d. 系统设置、调度接口。

② 面向组网系统的接口:a. 面向数据网络传输的数据准备接口。b. 数据上行通信能力处理接口。c. 网络中心站下行通信能力、远程控制能力接口。

③ 二次开发接口:a. 数据结构与存盘定位格式描述。b. 数据格式转换,包括对以往各种数据资料格式的相互转换。

④ 总的界面操作与使用要求:a. 根据观测规范要求合理安排处理流程,运用统筹方法,及时、高效、可靠地走完各个操作阶段,达到最终目标。b. 操作与数据容错能力强,具有一定的智能性。c. 用户操作界面友好,关键步骤上能给出及时、简明扼要的提示与出错报告信息。d. 自动化程度高,在一定程度上满足无人值守的需要。

7.1.2 自动气象站软件的功能划分

自动气象站软件根据其业务使用的特点,应该从功能上将面向硬件设备的采集通信部分和面向气象业务的测报部分分离开来。其原因是:硬件设备在不断地更新换代,各种现代化的通信手段也是日新月异。相对而言,采集通信软件的升级换代能力要强一些、频率要快一些;另一方面,测报业务观测规范与资料使用是我国气象事业多年集体智慧的结晶,它有相当强的延续性和稳定性;但同时有一定的地域特征,各个省局对本省的测报业务也有一些具体、特殊的规定。这些特点决定了测报软件的定制化、具体化、规范化的色彩要浓一些。

自动气象站软件从功能上可以划分为两个独立的软件:数据采集通讯软件和地面气象测报业务软件。

数据采集通讯软件是一个与自动气象站采集器进行通信、并完成与采集器进行一切交互功能的软件;同时它还负责自动气象站业务网络系统的子站功能,即负责所有与中心站软件的交互功能,包括上推定时数据、报文、自动气象站状态信息等,以及响应中心站下拉操作的各项指令。

地面气象测报业务软件是为了适应自动气象站逐步替代传统的地面观测手段的需要,按照各类气象台站地面气象测报业务工作而编制的业务应用软件。它适用于各类气象台站的地面气象测报业务以及各级审核部门对地面气象观测资料模式文件的审核及信息化处理,并充分考虑与原地面测报软件数据格式的兼容,以满足对原数据格式文件的处理。

7.1.3 自动气象站软件的数据流程

自动气象站软件的终极目标就是准确、迅速、可靠地获取和处理各个地面气象台站的气象数据。为了满足准确性,软件需要维持一条从上游、中游到下游的连贯的数据走向图;为了满足迅速性,软件应该充分考虑数据的自动并转,以提高效率;为了满足可靠性,软件需要增加一系列的数据审核、维护手段。

自动气象站软件的数据应该有非常清晰的数据层次,可以用图7.1所示的一个五层数据模型表示:

地面气象观测数据产品
地面气象测报业务软件基础数据集
虚拟原始数据集(过渡区)
数据采集通讯软件原始数据集
自动气象站数据存储器

图 7.1 自动气象站软件五层数据模型

该数据模型既反映了数据从底层向高层的数据流程,又提供相应的层次便于操作者施加人工干预。自动气象站软件应该围绕这五个层次进行系统设计,并能满足如下几个基本要求:(1)自动维持五个层次数据的从低层向高层的一致性;(2)越向高层,提供用户的数据干预手段越多,数据审核方式越全面;(3)对高层数据的修改维护不会影响到下层数据。

自动气象站数据存储器存储的是自动气象站从各个传感器采集到的最原始的观测数据,由采集通讯软件负责对其进行自动卸载,并归入存放在计算机的数据采集通讯软件原始数据集中。这两个层次设备相关性很大,无需人工干预手段;且对这两个层次的数据采取一定的加密措施有利于有效地监督台站操作人员针对上三层采取的数据维护手段是否恰当合理,使之成为一个业务考核的参考依据。虚拟原始数据集是一个采集通讯软件与测报业务软件的数据过渡区,该过渡区负责向测报软件输送自动气象站采集到的自动观测要素,并构成测报业务软件的数据上游。

地面气象测报业务软件基础数据集是业务数据的主体,对于整个台站的业务工作具有决定性的意义:在该层进行所有自动观测项目和人工观测项目的数据整合(自动气象站上业务后,部分观测项目依然依赖人工观测,如云状、云量、云高、能见度、天气现象的观测,且各类台站的自动化程度并不完全一样);该层的人工干预手段最多,每个时次、每天、每月都可以对其进行数据维护;对该层进行严格的数据审核与质量控制,有利于保证最终观测数据产品的质量。地面气象观测数据产品是自动气象站软件的数据输出层,随着气象应用领域的不断拓展,天气预报手段的逐渐丰富,对地面气象观测数据产品的要求也越来越多;为了满足日益增长的业务需求,自动气象站软件需要不断地升级换代、向前发展。

7.2 数据采集通信软件

7.2.1 数据采集通信软件的概念

数据采集通信软件从功能上有两大主体,一个是对自动气象站设备的数据采集与设备交互功能,一个是针对自动气象站业务网络的数据传输与远程监控功能。所以可以通过如下几个方面描述数据采集通信软件的概念与定位:

(1)是一个与自动气象站采集器进行通信、并完成与采集器进行一切交互功能的软件。

(2)是一个与"地面气象测报业务软件"配合,完成气象台站测报业务的软件。它负责向测报软件输送自动气象站采集到的自动观测要素。

(3)是自动气象站组网系统的子站软件部分。它负责所有与中心站软件的交互功能,包括上推定时数据、报文、自动气象站状态信息等,以及响应中心站下拉操作的各项指令。

(4)它定位于一经设定,则能进行长期全自动的运行,较少需要人工干预。

7.2.2 采集通信软件工作流程

采集通信软件的工作流程如图 7.2 所示。

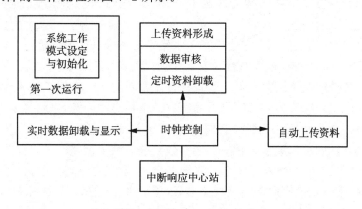

图 7.2　采集通信软件工作流程

7.2.3 系统工作模式与软件初始化

数据采集通信软件应该具备一个底层系统设置模块用于完成系统的初始化过程,它主要考虑如下几个方面的问题:

(1)对不同类型采集器的兼容性:能够投入业务运行的自动气象站类型目前有多种,其通讯手段和操作方式各不一样,数据采集通信软件应该首先考虑对所有类型的兼容性问题。要么以不同的底层模块加以支撑,要么由生产厂家提供相应的驱动程序;以实现自动气象站的基本接入功能。

(2)对不同的业务工作的支持基础:自动气象站除了用于气象台站的主体业务(这是全国统一的部分),还有可能针对不同的地域特点、不同的通讯条件、科技的不同发展阶段设置相应的系统参数。数据采集通信软件应该考虑到各种情况并预留出足够的接口。

(3)软件初始化过程是软件正式运行的基础,所有的底层参数设置应该在这个时候进入软件运行过程。

7.2.4 运行参数设定

运行参数是指软件运行过程中所需的各种定性或定量参数,相对系统工作模式而言它是更高层的软件参数设置。一般来说,系统工作模式不能由用户自行设置,而运行参数则需要用户进行设置。它们一般包括如下几个部分:

(1)观测站基本参数:一般包括"台站基本参数"、"观测项目设置"、"传感器参数"等几大类。台站基本参数是指站名、区站号、省编档案号、省名、省行政代码、台站字母代码、经度、纬度、观测场海拔高度、平台距地高度等台站相关信息,其中区站号为关键字段,因为它具有唯一性,可以作为关键字索引字段。观测项目设置指自动观测的气象要素及其相关计算结果的设置。传感器参数包括各类传感器的安装与运行参数等,比如说辐射传感器的灵敏度系数、各类传感器的安装高度等。

(2)通讯参数:主要指自动气象站与主控机之间的通讯端口参数设置、主控机与远程中心站的通讯方式与参数设置。采集通讯软件实际上是一个连接观测场和远程中心站的一个枢纽,一方面它连接着自动气象站采集器,另一方面负责与远程指挥中心通讯。一般情况下,自动气象站与主控机之间通过 RS232 串行通讯口进行联系,其中与之相关的通讯端口参数包括:端口号、波特率、数据位、停止位、校验位、流量控制等。而主控机与远程中心站可以采用各种主流的远程通讯手段,目前比较常用的有:PSTN 拨号、X.25/X.28/DDN/ADSL/帧中继等同步/异步专线、无线数传/短信/GPRS 等无线通讯等等。建立在这些相应通讯手段基础上的设备与参数设置都会有所区别。

(3)数据审核参数:顾名思义,它是用来对采集到的各个气象要素进行合理性判别的参数。一般来说,数据审核工作做得越严格就越有利于台站观测人员及时发现自动气象站在数据采集过程中发生的各种问题。这些参数一般根据台站多年的历史数据统计分析而成。

(4)数据调整参数:现行的各类测量仪器都有一个检定的问题,也就是说,设备业务运行一段时间以后需要用更高精度的仪器对它们进行检测,对于超差的设备要予以更换或进行重新标定。数据调整参数就是为了输入新的标定参数或进行测值调整而设立的一类参数。

(5)组网子站设置项:主要指整个自动气象站监测网络系统中描述各个子站节点信息的有关参数。比如说:唯一标示本站网络地址的参数(IP 地址)、数据上传的开关与时序安排等等。

(6)对时设定:时钟设置是采集通讯软件比较关键的一项内容,一般情况下自动气象站业务以采集器时钟为准,上位机软件向采集器时钟对齐。当需要更改时钟时,要同时修改两者时钟。

7.2.5 观测资料处理

采集通讯软件要对自动气象站自动观测的数据进行自动处理和发报,一方面要形成后续测报业务软件所需要的自动气象站预处理数据,另一方面要形成标准的自动上传报文格式,并通过业务网络系统自动上传至中心站。

(1)标准格式数据的生成

存盘的标准格式数据按照采集时间密度来分,一般分为实时存盘数据和定时存盘数据,实时数据指每分钟的各要素值及相关量,定时数据指每个正点的各要素值及相关统计量、极值。按照观测要素的时制来分,一般分为常规数据和辐射量数据。常规观测数据以北京时零分为定时起点,日照、辐射量数据以地方时零分为定时统计或累计起点。

标准的实时常规数据一般包括如下:精确到每分钟的观测时间、2 分钟风向、2 分钟风速、10 分钟风向、10 分钟风速、最大风向、最大风速、最大风出现时间、瞬时风向、瞬时风速、极大风向、极大风速、极大风出现时间、当前分钟降水量、空气温度、最高气温、最高气温出现时间、最低气温、最低气温出现时间、湿球温度、湿敏电容湿度值、相对湿度、最小湿度、最小湿度出现时间、水汽压、露点温度、本站气压、最高本站气压、最高本站气压出现时间、最低本站气压、最低本站气压出现时间、草面温度、草面最高温度、草面最高出现时间、草面最低温度、草面最低出现时间、地表温度、最高地表温度、最高地表温度出现时间、最低地表温度、最低地表温度出现时间、5 cm 地温、10 cm 地温、15 cm 地温、20 cm 地温、40 cm 地温、80 cm 地温、160 cm 地温、320 cm 地温、蒸发量、蒸发水位、能见度、最小能见度、最小能见度出现时间、感雨、雨强、海平面气压、云高。其中各个极值为从上次正点后到本次采样这一时段内的极值。

标准的定时常规数据一般包括如下:精确到每个北京时正点的观测时间、2 分钟风向、2 分钟风速、10 分钟风向、10 分钟风速、最大风向、最大风速、最大风出现时间、瞬时风向、瞬时风速、极大风向、极大风速、极大风出现时间、当前分钟降水量、空气温度、最高气温、最高气温出现时间、最低气温、最低气温出现时间、湿球温度、湿敏电容湿度值、相对湿度、最小湿度、最小湿度出现时间、水汽压、露点温度、本站气压、最高本站气压、最高本站气压出现时间、最低本站气压、最低本站气压出现时间、草面温度、草面最高温度、草面最高出现时间、草面最低温度、草面最低出现时间、地表温度、最高地表温度、最高地表温度出现时间、最低地表温度、最低地表温度出现时间、5 cm 地温、10 cm 地温、15 cm 地温、20 cm 地温、40 cm 地温、80 cm 地温、160 cm 地温、320 cm 地温、蒸发量、蒸发水位、能见度、最小能见度、最小能见度出现时间、感雨、雨强、海平面气压、云高。其中各个极值为上次正点后到本次正点一时段内的极值。

标准的实时辐射数据一般包括如下:精确到每分钟的地方时观测时间、总辐射辐照度、总辐射曝辐量、总辐射最大辐照度、总辐射最大辐照度出现时间、净辐射辐照度、净辐射曝辐量、净辐射最大辐照度、净辐射最大辐照度出现时间、净辐射最小辐照度、净辐射最小辐照度出现时间、直接辐射辐照度、直接辐射曝辐量、直接辐射最大辐照度、直接辐射最大辐照度出现时间、水平面直接辐射、散射辐射辐照度、散射辐射曝辐量、散射辐射最大辐照度、散射辐射最大辐照度出现时间、反射辐射辐照度、反射辐射曝辐量、反射辐射最大辐照度、反射辐射极大值出现时间、日照时数、大气混浊度、计算大气浑浊度时的直接辐射辐照度。其中各个极值为从上次正点地方时后到本次采样这一时段内的极值。

标准的定时辐射数据一般包括如下:精确到每个地方时正点的观测时间、总辐射辐照度、总辐射曝辐量、总辐射最大辐照度、总辐射最大辐照度出现时间、净辐射辐照度、净辐射曝辐量、净辐射最大辐照度、净辐射最大辐照度出现时间、净辐射最小辐照度、净辐射最小辐照度出现时间、直接辐射辐照度、直接辐射曝辐量、直接辐射最大辐照度、直接辐射最大辐照度出现时间、水平面直接辐射、散射辐射辐照度、散射辐射曝辐量、散射辐射最大辐照度、散射辐射最大辐照度出现时间、反射辐射辐照度、反射辐射曝辐量、反射辐射最大辐照度、反射辐射极大值出现时间、日照时数、大气混浊度、计算大气浑浊度时的直接辐射辐照度。其中各个极值为上次地方时正点后到本次地方时正点这一时段内的极值。

(2)定时资料的传递

定时资料的传递主要是指上述各类定时数据的自动上传。其上传数据有如下几个特点：①上传的时效性很强，可以在很短的时间内自动处理并上传；中心站得到各个台站资料的时延主要取决于网络的速度。②该数据全都是自动气象站采集或自动计算得到的，不包括人工观测的数据。③每天24组数据，由于无需人工干预，数据质量完全取决于自动观测设备的可靠性，数据一致性会比较好。

(3)报文信息的传递

报文信息的传递完全是为了兼容过去人工观测数据传递的业务流程和部分观测要素目前还不能摆脱人工观测的条件限制而采取的一种处理方式。自动观测的要素应该自动进入到观测员编报的界面下，在观测员审核确认并补充输入其他人工观测的要素（比较常见的情况是云状、云量、云高、能见度、天气现象等人工观测的气象要素）之后，软件即可以编出本时次的气象报文，然后将该报文发送至相应的收报地址。

7.3 地面测报业务软件基本流程与框架图

地面测报业务软件的基本流程与框架如图7.3所示。

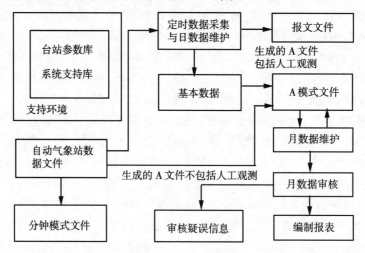

图7.3 地面测报业务软件基本流程与框架图

7.4 自动气象站采集数据文件格式

自动气象站数据文件是指由数据采集器处理后，存储到计算机硬盘中的数据文件。它是自动气象站与地面气象测报业务软件的接口数据文件。

7.4.1 组成

自动气象站数据文件见表7.1：

表 7.1 自动气象站数据文件

文件名称	文件说明	内容
ZIIiiiMM.YYY	正点地面常规要素数据文件	全月逐日每个正点的地面常规要素值
PIIiiiMM.YYY	分钟地面常规要素数据文件	全月逐分钟本站气压值
TIIiiiMM.YYY		全月逐分钟气温值
UIIiiiMM.YYY		全月逐分钟相对湿度值
WIIiiiMM.YYY		全月逐分钟十分钟平均风
GIIiiiMM.YYY	可能增加的分钟要素数据文件	全月逐分钟草面(雪面)温度值
D0IIiiiMM.YYY		全月逐分钟地面温度值
D1IIiiiMM.YYY		全月逐分钟 5 cm 温度值
D2IIiiiMM.YYY		全月逐分钟 10 cm 温度值
D3IIiiiMM.YYY		全月逐分钟 15 cm 温度值
D4IIiiiMM.YYY		全月逐分钟 20 cm 温度值
ZZ.TXT	实时地面常规要素数据文件	某分钟的地面常规要素值
FJ.TXT	大风数据文件	达到大风标准的数据,只保留最近 20 次的大风数据
HIIiiiMM.YYY	正点辐射数据文件	全月逐日每个正点的辐射要素值
HH.TXT	实时辐射数据文件	某分钟的辐射要素值

7.4.2 正点地面常规要素数据文件

正点地面常规要素数据文件为 ZIIiiiMM.YYY,简称 Z 文件,文件名中,Z 为指示符;IIiii 为区站号;MM 为月份,不足两位时,前面补"0";YYY 为年份的后 3 位。

(1) Z 文件为随机文件,每月一个,记录采用定长类型,每一条记录 322 个字节,记录尾用回车换行结束,ASCII 字符存盘,每个要素值高位不足补空格。

(2) Z 文件第一次生成时应进行初始化,初始化的过程是:首先检测 Z 文件是否存在,如无当月 Z 文件,则生成该文件,将全月逐日逐时各要素的位置一律存入相应字长的"－"字符(即减号)。

(3) Z 文件按北京时计时,以北京时的 00 分数据作为正点定时数据。

(4) Z 文件的第 1 条记录为本站当月基本参数,每项参数长为 5 个字节,内容如表 7.2:

表 7.2 记录参数的 Z 文件第一条记录

序号	参数	字长	序号	参数	字长
1	区站号	5 字节	18	感雨器标识	5 字节
2	年	5 字节	19	草面温度传感器标识	5 字节
3	月	5 字节	20	地面温度传感器标识	5 字节
4	经度	5 字节	21	5 cm 地温传感器标识	5 字节
5	纬度	5 字节	22	10 cm 地温传感器标识	5 字节
6	气压传感器海拔高度	5 字节	23	15 cm 地温传感器标识	5 字节
7	人工定时观测次数	5 字节	24	20 cm 地温传感器标识	5 字节
8	干湿表通风系数 Ai 值	5 字节	25	40 cm 地温传感器标识	5 字节
9	观测场海拔高度	5 字节	26	80 cm 地温传感器标识	5 字节
10	自动气象站型号标识	5 字节	27	160 cm 地温传感器标识	5 字节
11	气温传感器标识	5 字节	28	320 cm 地温传感器标识	5 字节
12	湿球度传感器标识	5 字节	29	日照传感器标识	5 字节
13	湿敏电容传感器标识	5 字节	30	蒸发传感器标识	5 字节
14	气压传感器标识	5 字节	31	保留	165 字节,用"－"填充
15	风向传感器标识	5 字节	32	版本号	5 字节
16	风速传感器标识	5 字节	33	回车换行	2 字节
17	雨量传感器标识	5 字节	34		

存储规定：

 ① 经度和纬度的分保留两位，高位不足补"0"，如北纬 32 度 02 分存"3202"。

 ② 气压传感器海拔高度、观测场海拔高度：保留一位小数，扩大 10 倍存入。

 ③ 自动气象站型号标识：I 型自动气象站存入"1"、II 型自动气象站存入"2"。

 ④ 各传感器标识：有该项目存"1"，无该项目存"0"。

 ⑤ 干湿表通风系数 Ai 值：扩大 10^7 倍后存入。例如 $Ai=0.000667$，则存入 6670。

 ⑥ 版本号：在第一条记录的最后 5 个字节中写上 V3.00，以便版本升级和功能扩展。

（5）Z 文件中每一时次为一条记录，每日 24 条记录。记录号的计算方法：

$$N = D \times 24 + T - 19$$

式中，N：记录号；D：北京时日期（月末一天 21～23 时的日期 D 取 0）；T：北京时。如每月 1 日第 2 条记录应为北京时的上月最后一天的 21 时的数据，这时 $N=2$，如 4 日 23 点，则 $N=100$。

  Z 文件中第 1 条后的每一条记录，存 51 个要素的正点值，以 ASCII 字符写入，除每小时降水量为 120 字节外，其它每一要素长度为 4 字节，最后两位为回车换行符。分配如表 7.3：

表 7.3 Z 文件数据记录格式

序号	要素名	字长	序号	要素名	字长
1	日、时（北京时）	4 字节	27	本站气压	4 字节
2	2 分钟风向	4 字节	28	最高本站气压	4 字节
3	2 分钟平均风速	4 字节	29	最高本站气压出现时间	4 字节
4	10 分钟平均风向	4 字节	30	最低本站气压	4 字节
5	10 分钟平均风速	4 字节	31	最低本站气压出现时间	4 字节
6	最大风速的风向	4 字节	32	草面温度	4 字节
7	最大风速	4 字节	33	草面最高温度	4 字节
8	最大风速时间	4 字节	34	草面最高出现时间	4 字节
9	瞬时风向	4 字节	35	草面最低温度	4 字节
10	瞬时风速	4 字节	36	草面最低出现时间	4 字节
11	极大风向	4 字节	37	地面温度	4 字节
12	极大风速	4 字节	38	地面最高温度	4 字节
13	极大风速出现时间	4 字节	39	地面最高出现时间	4 字节
14	降水量	120 字节	40	地面最低温度	4 字节
15	气温	4 字节	41	地面最低出现时间	4 字节
16	最高气温	4 字节	42	5 cm 地温	4 字节
17	最高气温出现时间	4 字节	43	10 cm 地温	4 字节
18	最低气温	4 字节	44	15 cm 地温	4 字节
19	最低气温出现时间	4 字节	45	20 cm 地温	4 字节
20	湿球温度	4 字节	46	40 cm 地温	4 字节
21	湿敏电容湿度值	4 字节	47	80 cm 地温	4 字节
22	相对湿度	4 字节	48	160 cm 地温	4 字节
23	最小相对湿度	4 字节	49	320 cm 地温	4 字节
24	最小相对湿度出现时间	4 字节	50	蒸发量	4 字节
25	水汽压	4 字节	51	日照	4 字节
26	露点温度	4 字节	52	回车换行	2 字节

存储规定：

① 正点值的含义是指北京时正点采集的数据。

② "日、时"作为记录识别标志用，日、时各两位，高位不足补"0"，其中"日"是按北京时的日期；"时"是指正点小时。

③ 日照采用地方平均太阳时，存储内容统一定为地方平均太阳时上次正点观测到本次正点观测这一时段内的日照总量。

④ 各种极值存上次正点观测到本次正点观测这一时段内的极值。

⑤ 降水量是从上次正点观测到本次正点观测这一时段内的降水量，共 120 个字节，每分钟 2 个字节。

⑥ 数据记录单位：数据的记录单位按规范规定执行，存储各要素值不含小数点，具体规定如表 7.4：

表 7.4 Z 文件数据记录单位

要素名	记录单位	存储规定
气压	0.1 hPa	扩大 10 倍
温度	0.1℃	扩大 10 倍
相对湿度	1%	原值
水汽压	0.1 hPa	扩大 10 倍
露点温度	0.1℃	扩大 10 倍
降水量	0.1 mm	扩大 10 倍
风向	1°	原值
风速	0.1m/s	扩大 10 倍
日照	0.1h	扩大 10 倍
蒸发量	0.1 mm	扩大 10 倍
时间	月、日、时、分	各取两位高位不足补 0

⑦ 当气压值≥1000.0 hPa 时，先减去 1000.0，再乘以 10 后存入；

⑧ 若要素缺测或无记录，除有特殊规定外，则均应按约定的字长，每个字节位均存入一个"—"字符；

⑨ 雨量每分钟 2 个字节，无降水时存入空格（两位），微量降水存入"00"，当分钟降水量≥10.0 mm 时，一律存入 99；雨量缺测或雨量传感器停止使用期（含冬季停用或长期故障停用）一律存"——"。

⑩ 当使用湿敏电容测定湿度时，除在湿敏电容数据位写入相应的数据值外，同时应将求出的相对湿度值存入相对湿度数据位置，在湿球温度位置一律存"＊＊＊＊"作为识别标志。

7.4.3 地面常规要素实时数据文件

地面常规要素实时数据文件为 ZZ.TXT，简称 ZZ 文件。

ZZ 文件为随机文件，存入 51 个要素的每分钟瞬时值，以 ASCII 字符存入，共 320 个字节，除每分钟雨量为 2 字节，每小时雨量为 120 个字节外，其它每个要素为 4 字节，分配如表 7.5：

表 7.5 ZZ 文件数据记录格式

序号	要素名	字长	序号	要素名	字长
1	时分(北京时)	4 字节	27	本站气压	4 字节
2	2 分钟风向	4 字节	28	最高本站气压	4 字节
3	2 分钟平均风速	4 字节	29	最高本站气压出现时间	4 字节
4	10 分钟平均风向	4 字节	30	最低本站气压	4 字节
5	10 分钟平均风速	4 字节	31	最低本站气压出现时间	4 字节
6	最大风速的风向	4 字节	32	草面温度	4 字节
7	最大风速	4 字节	33	草面最高温度	4 字节
8	最大风速时间	4 字节	34	草面最高出现时间	4 字节
9	瞬时风向	4 字节	35	草面最低温度	4 字节
10	瞬时风速	4 字节	36	草面最低出现时间	4 字节
11	极大风向	4 字节	37	地面温度	4 字节
12	极大风速	4 字节	38	地面最高温度	4 字节
13	极大风速出现时间	4 字节	39	地面最高出现时间	4 字节
14	降水量	120 字节	40	地面最低温度	4 字节
15	气温	4 字节	41	地面最低出现时间	4 字节
16	最高气温	4 字节	42	5 cm 地温	4 字节
17	最高气温出现时间	4 字节	43	10 cm 地温	4 字节
18	最低气温	4 字节	44	15 cm 地温	4 字节
19	最低气温出现时间	4 字节	45	20 cm 地温	4 字节
20	湿球温度	4 字节	46	40 cm 地温	4 字节
21	湿敏电容湿度值	4 字节	47	80 cm 地温	4 字节
22	相对湿度	4 字节	48	160 cm 地温	4 字节
23	最小相对湿度	4 字节	49	320 cm 地温	4 字节
24	最小相对湿度出现时间	4 字节	50	蒸发量	4 字节
25	水汽压	4 字节	51	日照	4 字节
26	露点温度	4 字节			

存储规定：

　① 时间中的时、分各两位,高位不足补"0"。

　② 若要素缺测或无记录则存入"－－－－"

　③ 各要素极值应是从上次正点后到本次采样这一时段内的极值。

　④ 降水量是从上次正点后到本次采样这一时段内的各分钟降水量,本次采样在非正点时刻,则该时到下次正点时刻内的相应分钟内无记录,存储规定同 Z 文件。

　⑤ 当使用湿敏电容测定湿度时,除在湿敏电容数据位写入相应的数据值外,同时应将求出的相对湿度值存入相对湿度数据位置,在湿球温度位置一律存"＊＊＊＊"作为识别标志。

　⑥ 所有要素位数不足的,在前面用空格填充。

　⑦ 数据记录单位规定同 Z 文件的规定。

7.4.4 分钟地面常规要素数据文件

　分钟地面常规要素数据包括本站气压、气温、相对湿度和 10 分钟平均风向风速等,其文件分别为 PIIiiiMM. YYY、TIIiiiMM. YYY、UIIiiiMM. YYY、WIIiiiMM. YYY。文件名中,P、T、U、W 分别为本站气压、气温、相对湿度和十分钟平均风向风速的指示符;IIiii 为区站号;MM 为月份,不足两位时,前面补"0";YYY 为年份的后 3 位。

(1) 分钟地面常规要素数据文件为随机文件,每月一个,记录采用定长类型,其中本站气压、气温的每一条记录 246 个字节,相对湿度每一条记录 126 个字节,10 分钟平均风向风速每一条记录 366 个字节,记录尾用回车换行结束,ASCII 字符存盘,每个要素值高位不足补空格。

(2) 分钟地面常规要素数据文件第一次生成时应进行初始化,初始化的过程是:首先检测分钟地面常规要素数据文件是否存在,如无当月分钟地面常规要素数据文件,则生成该文件,要素位置一律存相应长度的“－”字符(即减号)。

(3) 分钟地面常规要素数据文件按北京时计时。

(4) 分钟地面常规要素数据文件的第 1 条记录为本站当月基本参数,每项参数长为 5 个字节,内容如表 7.6:

表 7.6 记录参数的分钟地面常规要素数据文件第一条记录

序号	参数	字长	序号	参数	字长
1	区站号	5 字节	7	人工定时观测次数	5 字节
2	年	5 字节	8	干湿表通风系数 Ai 值	5 字节
3	月	5 字节	9	观测场海拔高度	5 字节
4	经度	5 字节	10	自动气象站型号标识	5 字节
5	纬度	5 字节	11	保留内容,用“－”填充,当为 P、T 时 194 字节,为 W 时 314 字节,为 U 时 84 字节。	
6	气压传感器海拔高度	5 字节	12	回车换行	2 字节

存储规定:

① 经度和纬度的分保留两位,高位不足补“0”,如北纬 32 度 02 分存“3202”。

② 气压传感器海拔高度观测场海拔高度:保留一位小数,扩大 10 倍存入。

③ 自动气象站型号标识:I 型自动气象站存入“1”、II 型自动气象站存入“2”。

(5) 分钟地面常规要素数据文件中每小时一条记录,每日 24 条记录。记录号的计算方法:

$$N = D \times 24 + T - 19$$

式中,N:记录号;D:北京时日期(月末一天 21~23 时的日期 D 取 0);T:北京时。如每月 1 日第 2 条记录应为北京时的上月最后一天的 21 时的数据,这时 $N=2$,如 4 日 23 时,则 $N=100$。

(7) 分钟地面常规要素数据文件中第 1 条后的每一条记录,存 1 小时内每分钟的要素值,以 ASCII 字符写入,每条记录的第 1~4 个字节为日时,从第 5 位开始:

对于本站气压和气温每 4 个字节为一个分钟记录,即 5~8 位为第 1 分钟的记录,9~12 为第 2 分钟的记录……,如此类推,241~244 位为第 60 分钟的记录;当气压≥1000.0 hPa 时,先减去 1000.0,再乘以 10 后存入;

对于相对湿度每 2 个字节为一个分钟记录,即 5~6 位为第 1 分钟的记录,7~8 为第 2 分钟的记录……,如此类推,123~124 位为第 60 分钟的记录;当相对湿度为 100 时,以％％存入;

对于 10 分钟平均风向风速每 6 个字节为一个分钟记录,前三位为风向,后三位为风速,即 5~10 位为第 1 分钟的记录,11~16 为第 2 分钟的记录……,如此类推,359~364 位为第 60 分钟的记录;

最后两位为回车换行符。

7.4.5 大风数据文件

大风数据文件为 FJ. TXT,简称 FJ 文件。存放供编发危险天气报告和重要天气报告用的大风风速和对应风向及出现时间。

(1) FJ 文件数据存入标准

按照《危险天气报告电码(GD-22II)》和《重要天气报告电码(GD-11II)》规定的瞬时风速的发报标准为：

风速≥17 m/s；

风速≥20 m/s；

风速≥24 m/s；

风速达到 17 m/s 大风后又小于 17 m/s 并已持续 15 分钟；

风速达到 20 m/s 大风后又小于 17 m/s 并已持续 20 分钟；

达到以上标准之一时存入有关数据,FJ 文件内各条记录采用滚动方式存贮,最新一次数据放在第一条记录。

(2) FJ 文件数据存入格式

FJ 文件为随机文件,以 ASCII 字符存盘,共 40 条记录,每条记录 18 个字节,包括月日时分 8 个字节、风向 4 个字节、风速 4 个字,最后为回车换行 2 个字节。风速是指达到大风时到调用数据时,该时间区段内的极大风速,风向与之相对应。月日时分是指风速到达上面(1)条所规定标准的时间。

7.4.6 定时辐射数据文件

定时辐射数据文件 HIIiiiMM. YYY,简称 H 文件,文件名中,H 为指示符;IIiii 为区站号;MM 为月份,不足两位时,前面补"0";YYY 为年份的后 3 位。

(1) H 文件为随机文件,每月一个,记录采用定长类型,每一条记录 108 个字节,记录尾以回车换行结束,用 ASCII 字符存入,每个要素值高位不足补空格。

(2) H 文件第一次生成时应进行初始化,初始化的过程是:首先检测 H 文件是否存在,无当月 H 文件,则生成该文件,将全月逐日逐时的要素存放位置一律存入"－－"字符(即 4 个减号)。

(3) H 文件的日界为地方平均太阳时的 24 时 00 分。

(4) H 文件的第一条记录为本站月基本参数,长度为 106 字节,每项参数长为 5 个字节,高位不足补空,记录尾以回车换行结束,存储内容如表 7.7:

表 7.7　记录参数的 H 文件第一条记录

序号	参数	存储规定
1	区站号	5 位数字
2	年份	5 位数字
3	月份	5 位数字
4	经度	度保留三位,分保留两位,高位不足补"0",如北纬 32 度 02 分存
5	纬度	"03202"
6	日照传感器标识	
7	总辐射传感器标识	
8	净全辐射传感器标识	有该传感器存"1",无该传感器存"0"
9	直接辐射传感器标识	
10	散射辐射传感器标识	
11	反辐射传感器标识	
12	曝辐量累积时间	1 小时存"60",半小时存"30"、20 分钟存"20"
13	保留内容	用"－"填充,共 39 个
14	版本号	当前版本号为 V300P

（5）H 文件中第 1 条后的每条记录存记录的时间（日、时）和总辐射曝辐量、总辐射辐照度、总辐射最大辐照度、总辐射最大辐照度出现时间、净辐射曝辐量、净辐射辐照度、净辐射最大辐照度、净辐射最大辐照度出现时间、净辐射最小辐照度、净辐射最小辐照度出现时间、直接辐射曝辐量、直接辐射辐照度、直接辐射最大辐照度、直接辐射最大辐照度出现时间、散射辐射曝辐量、散射辐射辐照度、散射辐射最大辐照度、散射辐射最大辐照度出现时间、反射辐射曝辐量、反射辐射辐照度、反射辐射最大辐照度、反射辐射最大出现时间、日照、大气浑浊度、计算大气浑浊度时的直接辐射辐照度共 26 个要素的正点值，以 ASCII 字符存盘，每个要素为 4 字节，记录尾以回车换行结束。

① 记录号的计算方法：

$B = 60/$曝辐量累积时间$\times 24$

$N = (D-1)\times B + T + 1$

式中，B：每天记录条数；N：记录号；D：日期（1～31）；T：地方平均太阳时（0～23）。

② 曝辐量记录单位为 MJ·m^{-2}（取两位小数），扩大 100 倍后存入，存储值不含小数点。

③ 根据 H 文件的第一条记录第 13 项"曝辐量累积时间"各定时可以为 1 小时，30 分钟、20 分钟等，当定时为 1 小时时，总辐射曝辐量、净辐射曝辐量、直接辐射曝辐量、散射辐射曝辐量、反射辐射曝辐量存的是每小时辐照度的总量，当定时为 20 分钟时，则总辐射曝辐量、净辐射曝辐量、直接辐射曝辐量、散射辐射曝辐量、反射辐射曝辐量存的是 20 分钟辐照度的总量，以此类推。

④ 要素的最大值存指定时段内出现的最大辐照度。

⑤ 时间中月、日、时各两位，高位不足补"0"；最大出现时间中的时、分各两位，高位不足补"0"。

7.4.7 辐射实时数据文件

辐射实时数据文件 HH. TXT，简称 HH 文件。

HH 文件为随机文件，存入时间（时、分，地方平均太阳时）和总辐射辐照度、净全辐射辐照度、直接辐射辐照度、散射辐射辐照度、反射辐射辐照度共 5 个要素的每分钟瞬时值，以 ASCII 字符存入，共 24 个字节，时间和每个要素均为 4 字节。

① 时间中的时、分各两位，高位不足补 0，时、分指地方平均太阳时的实际时间。

② 总辐射、净辐射、直接辐射、散射辐射、反射辐射项目存每分钟的瞬时值。

③ 所有要素位数不足的，高位不足补空格。

第八章 数据传输

在自动气象站的业务化过程当中,自动气象站观测的数据无论从时间密度上还是从空间密度上讲,都要比人工观测的数据密集得多。作为记录各项观测要素数值的观测数据应该能够作为一种长期保存的资料保存起来,同时为了更好的对自动气象站观测的这些数据加以利用,必须及时、迅速、准确地对数据进行传输,尽快将数据传输到数据的应用部门。在数据传输的过程当中,要根据不同的传输条件,对数据进行不同的数据质量控制。

8.1 数据通信

目前,通信技术的发展速度很快,各种数据传输的方式越来越多,各种数据传输的方式都有其优缺点和适用范围,可以根据各种数据传输的特点,把它应用到气象数据传输的各个方面。

数据通信是电子计算机和电信技术相结合而产生的一种新的通信方式。数据通信业务主要包括分组交换、数字数据两项基本业务和 CHINANET、电子信箱和传真存储转发等增值业务。目前,我国电信部门已建成分组交换网和数字数据网两大基础网络,可为广大用户提供分组交换、数字数据、CHINANET、电子信箱和传真存储转发等各种数字数据通信业务,各种业务的原理以及特点如下:

8.1.1 DDN 专线

DDN 是利用数字传输通道(光纤、数字微波、卫星)和数字交叉复用节点组成的数字数据传输网。它的主要作用是向用户提供永久性和半永久性连接的数字数据传输信道,既可用于计算机之间的通信,也可用于传送数字化传真,数字话音,数字图像信号或其它数字化信号。DDN 其显著特点是质量高,延时小,通信速率可根据需要选择;电路可以自动迂回,可靠性高;一线可以多用,既可以通话、传真、传送数据,还可以组建会议电视系统,开放帧中继业务采用数字电路,传输,做多媒体服务,或组建自己的虚拟专网,建立网管中心,用户管理自己的网络。DDN 的主要业务功能有:租用专线业务;帧中继业务;多种通信速率;话音/传真业务;虚拟专用网等。数字电路通过数字传输通道(光纤、数字微波、卫星)传输数据。它与 DDN 的最大区别就是只提供高速率、高带宽传输,而 DDN 通过两端增加一定的设备即可提供 2.4,4.8,9.6,19.2,N×84($N=1\sim31$)及 2048 Kbps 速率的全透明的专用电路,在某些限定情况下,还可提供其它速率,例如:8,16,32,48,56 Kbps 等为用户解决不同的业务需求。

8.1.2 FR(帧中继)

帧中继是当前数据通信中的一种广为应用的广域网技术,作为高速数据接口,帧中继可以实现局域网的(LAN)互联等应用。帧中继业务是在用户-网路接口(UNI)之间提供用户信息流的双向传送,并保持原顺序不变的一种承载业务。用户-网路接口之间以虚电路进行连接,对用户信息流进行统计复用。帧中继网路提供基本业务和用户选用业务。适用于大数据量的突发性的数据传输。

8.1.3 GPRS

GPRS—General Packet Radio Service,通用无线分组业务,是一种基于 GSM 系统的无线

分组交换技术,提供端到端的、广域的无线 IP 连接。通俗的讲,GPRS 是一项高速数据处理的科技,方法是以"分组"的形式传送资料到用户手上。虽然 GPRS 是作为现有 GSM 网络向第三代移动通信演变的过渡技术,但是它在许多方面都具有显著的优势。

由于使用了"分组"的技术,用户上网可以免受断线的痛苦。此外,使用 GPRS 上网的方法与 WAP 并不同,用 WAP 上网就如在家中上网,先"拨号连接",而上网后便不能同时使用该电话线,但 GPRS 就较为优越,下载资料和通话是可以同时进行的。从技术上来说,声音的传送(即通话)继续使用 GSM,而数据的传送便可使用 GPRS,这样,就把移动电话的应用提升到一个更高的层次。而且发展 GPRS 技术也十分"经济",因为只须沿用现有的 GSM 网络来发展即可。现在 GPRS 的口号就是"Always Online"、"IP in hand",使用了 GPRS 后,数据实现分组发送和接受,这同时意味着用户总是在线且按流量计费,迅速降低了服务成本。如果将 CSD(电路交换数据,即通常说的拨号数据,欧亚 WAP 业务所采用的承载方式)承载改为在 GPRS上实现,则意味着由数十人共同来承担原来一人的成本。

而 GPRS 的最大优势在于:它的数据传输速度不是 WAP 所能比拟的。目前的 GSM 移动通信网的传输速度为每秒 9.6K 字节,GPRS 手机在今年年初推出时已达到 56Kbps 的传输速度,到现在更是达到了 115Kbps(此速度是常用 56Kmodem 理想速率的两倍)。

8.1.4 ADSL

所谓 ADSL(Asymetric Digital Subscriber Loop)技术,即非对称数字用户环路技术,就是利用现有的一对电话线,为用户提供上、下行非对称的传输速率(带宽),上行(从用户到网络)为低速的传输,可达 1Mbps;下行(从网络到用户)为高速传输,可达 8Mbps。由于用户使用互联网的业务特性主要是:上传数据少,故所需的速率小;下载次数多而且数据量大,故所需速率大。ADSL 的出现正符合了用户的需求。其业务特点是:

(1) ADSL 只需在普通直线电话两端安装相应的 ADSL 终端设备就可享受宽带技术,原有电话线路无须改造,安装便捷,使用简便,避免用户因线路改造而引起的布线困难和破坏室内装修等诸多问题的困扰。因此 ADSL 的渗入能力强,接入快,适合于集中与分散的用户;安装后,便可直接利用现有用户电话线同时进行上网和打电话,两者互不干扰。

(2) 点到点的星形网络结构,保证了用户独享自己的线路和带宽。

(3) 速率高,可广泛用于视频业务及高速 INTERNET 等数据的接入。

(4) 频带宽(ADSL 支持的频带宽度是普通电话用户频带的 256 倍以上)可加以避免造成网络的拥塞。

上面所介绍的都是目前在气象业务系统当中应用较多的通信方式,但是所有的通信方式均是在支持 TCP/IP 的基础上应用到我们的气象业务系统当中的。在很多地方,由于通信条件的限制,还在采用单边带电台等无线的通信手段,由于这些通信方式受到自然条件方面的影响较大,所以大大的限制了数据传输的及时性和准确性。

在这些通信方式中,由于每种通信方式都具有自身的特点,所以根据气象不同的业务情况,可以因地制宜的采用其中的适合自己的通信方式,并且可以采用互为备份的方式,将各种通信方式结合起来,综合应用。

8.2 数据传输分类及传输方式

在目前的气象观测体系当中,气象数据的传输基本可以归类到几个方面,在这几个数据传输的过程当中,每个传输过程都具有自己的传输方式和数据特点,每个数据传输过程都受其本身的通信条件的限制,因此可以根据其本身的特点对数据传输的方式加以规划,从而能够更好的完成数据处理的任务。

8.2.1　采集器到计算机

在地面气象观测系统中,从自动气象站的采集器到计算机是数据传输的源头,同时,这一部分也是数据传输过程当中点对点的数据传输,而且两者之间的距离都不是很远,所以,在这一部分基本上采用 RS232 的方式,利用一根电缆直接将采集器与计算机连接到一起,从而,利用计算机可以直接控制采集器进行工作。其具体采用的通信协议在后面会有一个详细的介绍。

8.2.2　采集器到中心站

在采集器到中心站的数据传输中,其最典型的网络方式是中尺度的网络系统,现在随着 GPRS 以及 GSM 数据传输的发展,其本身数据传输的优势在中尺度网络系统中能够得到淋漓尽致的展现,并且其经济性也能够较好的体现。

在图 8.1 所列中尺度观测系统的模式下,采用了 GPRS/GSM/SMS 三种通信方式相配和的数据通信方式,从而利用各种通信方式的优点,保证了数据能够及时准确的传送到中心站,又增强对自动气象站采集系统的控制能力。

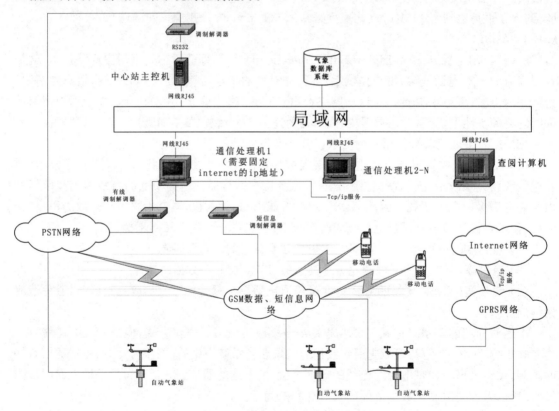

图 8.1　中尺度网络数据传输流程

自动气象站直接通过 GPRS 网络可以直接连接到 INTERNET,同时连接到中心站的通信机,将数据上传到通信处理机,如果 GPRS 网络出现异常,自动气象站会采用短信的方式将数据传送到中心站,从而保证数据的及时性。

8.2.3　计算机到中心站

在这种数据传输的过程当中,根据各个省份和地区的不同的情况,以及当地的特点,采用不同的通信方式,可以按照图 8.2 来考虑整个数据传输的流程:

102

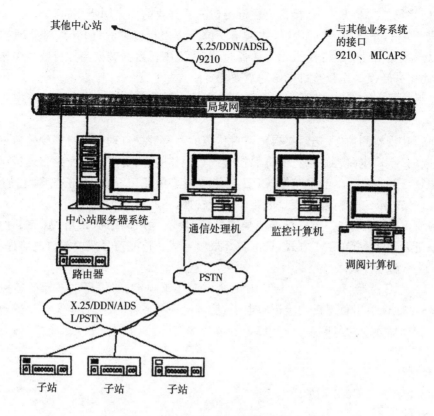

图 8.2　计算机到中心站数据传输流程

自动气象站的数据通过支持 TCP/IP 的网络传输到中心站的服务器,中心站的通信处理机从服务器中取得数据,将其经过处理后保存到服务器的数据库中。如果数据不能及时上传到中心站的服务器,通信处理机会采用 PSTN 拨号的方式,将自动气象站的数据收集到中心站,同时将数据保存到中心站服务器。

8.3　质量控制和发展方向

在数据传输的过程当中,如何保证数据传输的质量是至关重要的问题,保证数据传输的质量就要通过在数据传输的过程当中,通过各种传输协议对数据进行控制,同时为了尽量的减少数据传输的误码率,应该对数据进行压缩以减少数据量。

8.3.1　通信协议

所谓通信协议是指通信双方的一种约定。约定包括对数据格式、同步方式、传送速度、传送步骤、检纠错方式以及控制字符定义等问题做出统一规定,通信双方必须共同遵守。因此,也叫做通信控制规程,或称传输控制规程,它属于 ISO'S OSI 七层参考模型中的数据链路层。

目前,采用的通信协议有两类:异步协议和同步协议。同步协议又有面向字符和面向比特以及面向字节计数三种。其中,面向字节计数的同步协议主要用于 DEC 公司的网络体系结构中。

(1) 物理接口标准

① 串行通信接口的基本任务

(a)实现数据格式化:因为来自 CPU 的是普通的并行数据,所以,接口电路应具有实现不同串行通信方式下的数据格式化的任务。在异步通信方式下,接口自动生成起止式的帧数据格

103

式。在面向字符的同步方式下,接口要在待传送的数据块前加上同步字符。

(b)进行串—并转换:串行传送,数据是一位一位串行传送的,而计算机处理数据是并行数据。所以当数据由计算机送至数据发送器时,首先把串行数据转换为并行数才能送入计算机处理。因此串并转换是串行接口电路的重要任务。

(c)控制数据传输速率:串行通信接口电路应具有对数据传输速率——波特率进行选择和控制的能力。

(d)进行错误检测:在发送时接口电路对传送的字符数据自动生成奇偶校验位或其他校验码。在接收时,接口电路检查字符的奇偶校验或其他校验码,确定是否发生传送错误。

(e)进行 TTL 与 EIA 电平转换:CPU 和终端均采用 TTL 电平及正逻辑,它们与 EIA 采用的电平及负逻辑不兼容,需在接口电路中进行转换。

(f)提供 EIA-RS-232C 接口标准所要求的信号线:远距离通信采用 MODEM 时,需要 9 根信号线;近距离零 MODEM 方式,只需要 3 根信号线。这些信号线由接口电路提供,以便与 MODEM 或终端进行联络与控制。

② RS-232-C 标准:RS-232-C 标准对两个方面作了规定,即信号电平标准和控制信号线的定义。RS-232-C 采用负逻辑规定逻辑电平,信号电平与通常的 TTL 电平也不兼容,RS-232-C 将−5～−15V 规定为"1",+5～+15V 规定为"0"。图 8.1 是 TTL 标准和 RS-232-C 标准之间的电平转换。

(2) 软件协议

① OSI 协议和 TCP/IP 协议

(a)OSI 协议

OSI 七层参考模型不是通讯标准,它只给出一个不会由于技术发展而必须修改的稳定模型,使有关标准和协议能在模型定义的范围内开发和相互配合。

一般的通讯协议只符合 OSI 七层模型的某几层,如:EIA-RS-232-C:实现了物理层。IBM 的 SDLC(同步数据链路控制规程):数据链路层。ANSI 的 ADCCP(先进数据通讯规程):数据链路层 IBM 的 BSC(二进制同步通讯协议):数据链路层。应用层的电子邮件协议 SMTP 只负责寄信、POP3 只负责收信。

(b)TCP/IP 协议

实现了五层协议。

(a)物理层:对应 OSI 的物理层。

(b)网络接口层:类似于 OSI 的数据链路层。

(c)Internet 层:OSI 模型在 Internet 网使用前提出,未考虑网间连接。

(d)传输层:对应 OSI 的传输层。

(e)应用层:对应 OSI 的表示层和应用层。

② 串行通信协议

串行通信协议分同步协议和异步协议。

(a)异步通信协议的实例——起止式异步协议

起止式异步协议的特点是一个字符一个字符传输,并且传送一个字符总是以起始位开始,以停止位结束,字符之间没有固定的时间间隔要求。其格式如图 8.3 所示。每一个字符的前面都有一位起始位(低电平,逻辑值 0),字符本身有 5～7 位数据位组成,接着字符后面是一位校验位(也可以没有校验位),最后是一位,或意味半,或二位停止位,停止位后面是不定长度的空

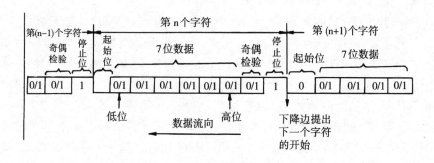

图 8.3　异步通信协议的实例

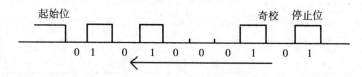

图 8.4　传送字符的实例

闲位。停止位和空闲位都规定为高电平(逻辑值),这样就保证起始位开始处一定有一个下跳沿。

从图中可以看出,这种格式是靠起始位和停止位来实现字符的界定或同步的,故称为起始式协议。传送时,数据的低位在前,高位在后,图 8.4 表示了传送一个字符 E 的 ASCAII 码的波形 1010001。当把它的最低有效位写到右边时,就是 E 的 ASCII 码 1000101＝45H。起/止位的作用:起始位实际上是作为联络信号附加进来的,当它变为低电平时,告诉收方传送开始。它的到来,表示下面接着是数据位来了,要准备接收。而停止位标志一个字符的结束,它的出现,表示一个字符传送完毕。这样就为通信双方提供了何时开始收发,何时结束的标志。传送开始前,发收双方把所采用的起止式格式(包括字符的数据位长度,停止位位数,有无校验位以及是奇校验还是偶校验等)和数据传输速率作统一规定。传送开始后,接收设备不断地检测传输线,看是否有起始位到来。当收到一系列的"1"(停止位或空闲位)之后,检测到一个下跳沿,说明起始位出现,起始位经确认后,就开始接收所规定的数据位和奇偶校验位以及停止位。经过处理将停止位去掉,把数据位拼装成一个并行字节,并且经校验后,无奇偶错才算正确的接收一个字符。一个字符接收完毕,接收设备有继续测试传输线,监视"0"电平的到来和下一个字符的开始,直到全部数据传送完毕。

由上述工作过程可看到,异步通信是按字符传输的,每传输一个字符,就用起始位来通知收方,以此来重新核对收发双方同步。若接收设备和发送设备两者的时钟频率略有偏差,这也不会因偏差的累积而导致错位,加之字符之间的空闲位也为这种偏差提供一种缓冲,所以异步串行通信的可靠性高。但由于要在每个字符的前后加上起始位和停止位这样一些附加位,使得传输效率变低了,只有约 80%。因此,起止协议一般用在数据速率较慢的场合(小于 19.2 kbit/s)。在高速传送时,一般要采用同步协议。

(b)面向字符的同步协议

特点与格式:这种协议的典型代表是 IBM 公司的二进制同步通信协议(BSC)。它的特点是一次传送由若干个字符组成的数据块,而不是只传送一个字符,并规定了 10 个字符作为这个数据块的开头与结束标志以及整个传输过程的控制信息,它们也叫做通信控制字。由于被传送的数据块是由字符组成,故被称作面向字符的协议。

特定字符(控制字符)的定义:由上面的格式可以看出,数据块的前后都加了几个特定字符。SYN 是同步字符(synchronous Character),每一帧开始处都有 SYN,加一个 SYN 的称单同步,加两个 SYN 的称双同步设置同步字符是起联络作用,传送数据时,接收端不断检测,一旦出现同步字符,就知道是一帧开始了。接着的 SOH 是序始字符(Start Of Header),它表示标题的开始。标题中包括原地址、目的地址和路由指示等信息。STX 是文始字符(Start Of Text),它标志着传送的正文(数据块)开始。数据块就是被传送的正文内容,由多个字符组成。数据块后面是组终字符 ETB(End Of Transmission Block)或文终字符 ETX(End Of Text),其中 ETB 用在正文很长、需要分成若干个分数据块、分别在不同帧中发送的场合,这时在每个分数据块后面用文终字符 ETX。一帧的最后是校验码,它对从 SOH 开始到 ETX(或 ETB)字段进行校验,校验方式可以是纵横奇偶校验或 CRC。另外,在面向字符协议中还采用了一些其他通信控制字,它们的名称如表 8.1 所示:

表 8.1　通信控制字名称

名　称	ASCII	EBCDIC
序始(SOH)	0000001	00000001
文始(STX)	0000010	00000010
组终(ETB)	0010111	00100110
文终(ETX)	0000011	00000011
同步(SYN)	0010110	00110010
送毕(EOT)	0000100	00110111
询问(ENQ)	0000101	00101101
确认(ACK)	0000110	00101110
否认(NAK)	0010101	00111101
转义(DLE)	0010000	00010000

8.3.2　对未来数据传输的展望

在传输数据的过程当中,数据的误码率问题,通信资源的问题,都是在数据的传输过程当中要重点考虑的问题。通过对数据码进行压缩可以大大的减少数据量,同时可以通过校验码对数据进行质量上的控制,从而在数据的传输效率和经济性上将具有较大的优势。目前在世界气象组织的发展规划当中,制定了一种新的数据码的结构,这就是 BUFR,如果采用 BUFR 作为气象数据进行数据传输,可以从各个方面改变我们数据传输的现状。

世界气象组织所规定的 BUFR(Binary Universal Form for the Representation of meteorological data)是一串二进制的代码,其中包括了一串连续的二进制的数据和所有的除了特殊的观测项目的气象数据。

BUFR 是通过一系列的非正式的和正式的专家会议并且通过几个气象数据处理中心一段时期的试验应用而得到的结果。世界气象组织的 CBS(Commission for Basic Systems)在 1988 年的一月、二月会议上批准了 BUFR 的应用。在 1989 年的 5 月和 10 月的数据描述会议上,CBS 介绍了数据管理上的变化。在 1990 年 10 月的会议上,推出了版本 2.0,并且在 1991 年 11 月 7 号生效。

理解 BUFR 的关键是其本身的自我描述能力,一个 BUFR"信息"(或记录,在上下文中可以互换的种类)包括了任何种类的观测数据甚至包括一个完整的关于这些数据代表什么的描述。这些描述包括了标示参数的问题,(海拔,温度,气压,纬度,日期和时间等等)这些单元,数据的小数位可能已经被改变,数据已经被非常有效率的压缩,二进制的值用来代替观测的数据值,这些数据的所有的描述都包括在 BUFR 的文件内。

BUFR 本身的自我解释的能力是可以适应各种变化的,例如,如果新的观测或者新的观测平台被发明,不需要去创造一种新的码态去代表和传输这种新的数据,附加数据描述表的发表是这个的前提,同样的是,如果要删除旧的已经过时的观测项目,在等待一段固定的格式之前,只需要用"missing"来表示,"missing"并不包括在信息里面,数据描述部分做相应的调整。数据描述表并没有改变,然而,旧的数据仍然可以被找到。

自我描述的先进性使对 BUFR 的解码变得非常简单,目前,又大量的专门并且复杂的程序需要对目前用的过多的没有任何作用的字节进行解码,去写一个单独的可以对任何 BUFR 解码的"通用 BUFR 解码器"的程序是完全可行的。这不是一项微不足道的工作,但是一旦完成,其就会永远有效。这个软件不需要随着观测的改变而改变,只有在码表需要去改动的时候,这是一项很简单的工作。

BUFR 的发展与数据描述语言的发展是紧紧相关的,实际上,主要部分的有关 BUFR 的描述,是数据描述语言的词汇表和语法的描述,数据描述语言的定义和其词汇表的描述符,给予了 BUFR 对于任何信息的描述能力。

另外一个 BUFR 的特点展现在其第一个字母"B"。BUFR 是一个完全的二进制或比特导向码,所以可以让其依赖于机器,同时又可以独立运行,依赖是对其的解释,因为这里面没有太多的东西让一个人去看所有的信息里面数字(除非他非常有耐心)。当进行数据描述的时候,是二进制的数字,所以,理所当然的,不需要任何机器的帮助,因为 BUFR 完全是二进制的数字,所以任何一台机器,可以像其他机器一样来处理 BUFR。二进制的 BUFR 还拥有一个其他码没有的一个优点,将其转换成为有用的数据会非常的迅速并且简单,相比较而言,将 ASCII 转换成为整形或者浮点数花费的开销要比将二进制的数字转换成为浮点数的开销大的多。下面是 BUFR 所有拥有的,在测试中,欧洲中尺度预报中心发现 BUFR 的解码速度比 TEMP 的要快上六倍左右,并且,其要求的内存空间也只有一半。

所有这些基于较为有效的对描述符分析的计算机软件,是一项复杂的工作。将其转换成为二进制流并且将它们从中解码,当有新的数据描述(或者一些已经不要的旧的数据)来到的时候能够做出正确的反映。并且重新格式化数据以便以后的数据处理,比特导向的特点还要求实用的比特透明的通信传输系统例如,X.25 协议,这样的协议具有多样的错误处理系统,所以在传输过程当中几乎不用关心数据传输的误码。

通过对 BUFR 简单的介绍,BUFR 作为气象数据的一种格式,在各个方面都有其优势,在未来的地面自动气象站当中,应该将各种气象资料转换成为 BUFR,利用 BUFR 的优势,为气象数据的传输,数据存储,数据应用做一个很好的铺垫。

第九章 组 网

9.1 概述

9.1.1 自动气象站网络系统的功能

建立自动气象站网络系统及其气象保障服务系统,是提供准确气象预报和高质量气象服务的重要保证。建立自动气象站网的目的,其一是对自动气象站采集的气象资料实现自动收集与汇总,其二是对自动气象站网进行有效的监控以及远程维护。自动气象站网的建立,是利用自动气象站网资源,从传统的人工测报模式向自动采集模式转变的重要探索,是为将来自动气象站的推广普及和站网建设作一个非常重要的尝试。

作为自动气象站的网络系统,一般应该具有以下几个方面的功能:自动气象站气象数据的收集;气象数据分发;实时数据的远程监控;采集器的远程维护;数据的查询统计;大风大雨的报警;数据应用以及各种现有的气象业务系统的接口系统,例如,MICAPS;对气象台站的计算机的远程控制(基于各种通信条件)。

9.1.2 自动气象站组网的通信基础

气象部门目前所采用的通信方式种类繁多,从单边带通信电台,甚高频到现在应用非常广泛的 PSTN,X.28,X.25 和代表未来的发展趋势的 DDN,ADSL,帧中继等,都有很多省的气象部门采用,并且所有的省份的气象部门都存在着多种通信方式共存的现象。所以如何更好的利用电信提供商所提供的通信方式以及每个省现有的通信资源,也是在自动气象站网络建设过程当中重点考虑的问题之一。

为了适应气象事业和通信技术的发展,并且考虑到台站现有的通信方式,以及自动气象站所需要进行传输的数据量,所以在组网的设计过程当中,应该考虑多种通信方式并存,既要考虑边远台站的比较落后通信方式,又要考虑一些发达地区的比较先进的通信方式,同时针对目前国内的几家电信服务商所提供的通信服务以及未来的发展方向,做出综合的考虑。这就需要自动气象站组网的软件系统既要适应目前所有通信方式,同时也要考虑到未来通信发展的方向。

从软件系统上的考虑,为了适应通信方式的变化,应该考虑将软件系统的通信功能基于网络的 TCP/IP 协议,利用 FTP 服务来传输数据,而有关底层的建立链接等过程由系统本身的RAS 来完成。这样就增强了系统的兼容性。

9.2 自动气象站组网模式

9.2.1 组网子站的类型

自动气象站组网子站从业务类型上可以分为有人值守站和无人值守站。有人值守站适合于各种气象业务台站,台站值班员需要对气象数据的采集与传递各个环节以及设备的维护负责,有人站一般配备计算机供用户操作并完成相应的气象业务工作,包括观测、操作、气象编发报等等。无人值守站属野外工作型设备,主要完成气象数据的采集与主被动数据传递,这种站一般适合于气候环境条件比较恶劣不适于人居住的地区使用,也常用于中小尺度气象监测、或野外科学试验等方面。

自动气象站组网子站按照观测要素的多少也可以分为单要素站和多要素站。单要素站一般用于监测个别特定的气象要素值,较常用的有雨量、风、能见度等要素的单独观测。多要素站所监测的要素比较全,形成一种综合型的地面气象要素监测系统,广大气象台站基本上都是安装这种类型。

9.2.2 组网中心站的类型

对应上述自动气象站类型的分类,可以将组网中心站进行分类:

目前,针对广大气象台站建设的各个自动气象站,我国已经建立起了一个全国性的三级自动气象站业务网络,即全国大气监测自动化网络系统,它是一个建立在台站、省局中心站、国家局三级组织模式基础上的一个综合型、业务化的地面观测自动化网络系统。

中小尺度自动气象站探测网有几个显著的特点,即时间空间密度高,数据可靠性高,可无人值守;另外,它将紧密结合当今各种先进的有线、无线或移动通信技术。可以预见的是,新一代的移动通信技术和太阳能技术将会被很好地运用到这一领域,从而设计出真正无人、无源的自动气象观测网。

另外,自动雨量站网等单要素网在一些特定的项目中也发挥出了重要的作用。而在各种类型的中小尺度自动气象站网中,也越来越呈现出各种单要素、多要素站的混联模式,这是在自动气象站网的布局与分布上进一步趋向科学化、合理化的一种表现。

9.3 全国大气监测自动化网络

9.3.1 系统基本功能与组织结构

全国大气监测自动化网络的主要功能是,由建立在各省气象局的中心站处理系统将其下属各个台站和国家数据中心的业务需求贯穿起来,组成了全国地面自动气象业务信息收集网络。

省级自动气象站中心站处理系统分为四个功能模块,包括中心站通讯软件、中心站控制软件、监控终端软件及调阅终端软件,各个模块完成不同的功能。各个模块可分别安装在不同的微机上,也可安装在同一台微机上。

该系统的网络结构如图9.1所示。

9.3.2 系统功能结构

(1)子站实现的功能

①与自动气象站进行通信的功能:子站的通信软件可以直接通过串口连接到自动气象站的采集器,实现的主要功能有,显示实时数据,收集正点数据等。

②通过FTP方式向中心站传输数据的功能:按照预先设定的时间,以及通信方式,自动将自动气象站的正点数据文件,以及状态文件上传到中心站。

③接受中心站通过PSTN方式调用数据功能:当该台站的主通信线路出现故障,数据没有成功的传送到中心站时,中心站会自动采用备用的通信方式,也就是PSTN的通信方式,拨号到台站,然后将自动气象站的数据调到中心站。

④实现中心站通过PSTN或TCP/IP对台站进行监控的功能:

一方面是对实时数据的监控,即监控台站计算机中的数据,这样,用户就可以在中心站,实时看到自动气象站的每分钟数据。

另一方面是对采集器状态的监控,这里采取管道方式,可以利用这项功能,在中心站直接

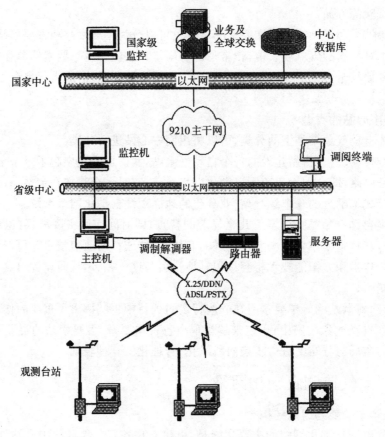

图 9.1　全国大气监测自动化网络结构示意图

访问到自动气象站的采集器,可以远程对采集器的参数进行设置,更改。台站的计算机在软件的配备上以采用 WINDOWS 操作系统,同时在软件的处理上,应该考虑通信方式的选择。现在的通信方式固然多种多样,通过对各种通信方式的分析,可以发现所有的通信方式都是基于 TCP/IP 协议的,所以可以分成两种,一种是需要建链的,另外就是不需要建链的,所以根据这两种情况,台站的通信软件应该进行不同的处理。

(2)中心站服务器的功能

①台站上传自动气象站数据文件的 FTP 服务器。

②中心站通信软件取得台站上传自动气象站数据文件的 FTP 服务器。

③数据库服务器的功能,中心站通信软件处理台站上传自动气象站数据后,将数据保存至 SQL SERVER 服务器的数据库中。

④WEB 服务器的功能(ODBC+ASP+IIS)。在这里实现了数据的查询处理统计、图形曲线分析等各项功能。

(3)通信处理机的功能

①本地自动气象站观测数据的收集和处理。

处理软件按照预先设定的时间间隔从服务器里读取各个自动气象站送到中心站的数据,同时将数据进行处理后,保存到 SQL SERVER 的数据库服务器中。并且记录数据已经到来的台站,在预先设定的时间,如果还有台站的数据没有上来,就采用备用方式,将数据采用 PSTN 的方式上拉到中心站并进行处理,也就是中心站的控制软件通过连接到通信处理机上的

MODEM 拨号到台站的计算机,通过与台站计算机所安装的通信软件将自动气象站的数据文件调到通信处理机,并且进行各种处理。

收集的自动气象站观测数据包括自动气象站的正点数据、加密数据、日数据文件。

②本地自动气象站状态数据的收集与处理。

③异地自动气象站观测数据的收集和处理。

④数据的备份恢复以及定时删除的功能。

⑤自动气象站数据的上传:自动气象站的数据需要上传到国家气象中心,以便后期数据的处理分析和应用。

⑥自动气象站数据的分发:自动气象站的数据需要传送到其余的中心站,以便数据的共享。

⑦大风和大雨的报警功能:当某一个台站的出现了大风或者大雨天气,并且观测值超过了用户所设定的值,则系统会自动用声音提示用户出现了危险天气。

⑧数据收集情况记录统计:系统自动对所有的台站的数据到达情况记录,并且实时的显示在界面上,用户可以清楚的数据收集的情况。

⑨工作日志的记录:系统自动将运行过程中的重要事件记录到日志中,内容包括与子站通信建链事件信息、资料分发事件信息、故障记录等。

⑩异常情况报警功能:对于系统的异常情况,例如,某些台站的数据没有正常的传输成功,或者台站的某一个要素出现了缺测的情况,系统会自动的采用声音提示。

(4)监控计算机的功能主要体现在自动气象站的远程监控与远程维护

监控计算机可以通过 WEB 网页的功能对台站上传的状态文件进行分析,查看台站的自动气象站的工作状态。同时也可以利用网络或者 PSTN 的方式直接连通台站的计算机,查看实时数据,或者通过台站的计算机,查看采集器的各种状态,并且可以修改采集器的一些参数。

(5)与其他业务系统的接口

系统考虑与其他业务系统的接口,例如:MICAPS,系统将自动气象站的数据转换成MICAPS 的数据格式,这样 MICAPS 就可以充分的利用自动气象站的数据进行各种分析处理。

9.4 区域性中尺度自动气象站组网

在目前的自动气象站的建设过程当中,中尺度自动气象站网络成为未来对地方性、区域性、灾害性天气监测的主要发展方向。中尺度自动气象站网络也是具有两个不可替代的优势:(1)时效性高,不仅可以得到时间密度非常高的实时气象资料,而且各个站点在时效上基本可以做到同步。(2)空间密度高而且可无人值守,空间优势的好处在于对区域性剧烈变化的天气情况能实施良好的跟踪;可无人值守和全天候采集的好处是不言自明的。

图 9.2 是一个中尺度自动气象站网络系统应用软件的例子。通过该软件可以实时监测站网中每一个观测站的气象实况信息,并用图形化的表示显示给用户;还可以设置定时收集数据的间隔,以通过巡呼的方式自动得到站网中所有观测点的定时数据,如整点的温度、湿度、气压、风向、风速、雨量等,并可以以表格形式显示、统计和查询。通过该软件还可以生成站点地图和天气图。

图 9.3 是一个典型的中尺度气象观测系统的网络结构图。通过各种有线或无线网络,可以

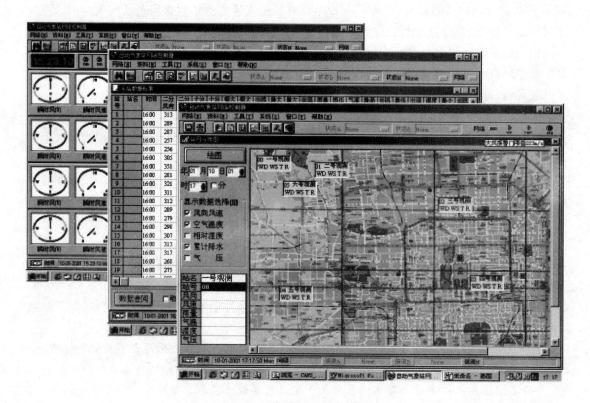

图 9.2　中尺度自动气象站网络系统软件界面

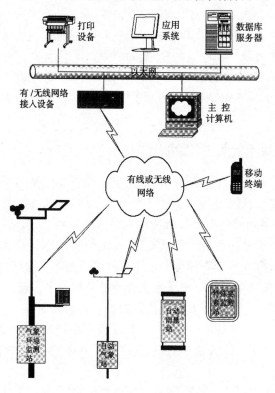

图 9.3　中尺度自动气象站网络系统结构图

将各种类型的自动气象站统一到一个平台下进行处理和应用。这些自动气象站一般都为无人值守的设备,包括各种要素的自动气象与环境观测系统、多要素自动气象站、自动雨量站、乃至一些特殊要求的要素观测设备(如单测风、雨量加温度、温湿度等等)。这些气象信息收集到中心站的局域网中,由局域网中不同的设备完成分析、加工并输出各种二次产品。一个典型的中心站应该包括如下几种设备:(1)主控计算机负责整个中尺度观测系统的调度和管理;(2)有线或无线接入设备负责与观测站的网络接口;(3)数据库服务器负责数据的存储和管理;(4)应用系统负责形成各种气象观测二次产品;(5)打印或显示设备向用户提供分析处理结果。

9.5 特定情况下的组网

9.5.1 自动雨量站网络

我国国土辽阔,自然地理条件复杂,降水在时空分布上十分不均匀,因此洪涝灾害的发生十分频繁。占国土面积10%的地区在不同程度上受到洪涝灾害的威胁。降水是气象上关注最为广泛的要素之一,降水分布与降水量也是天气预报的重要内容,同时也是减灾防灾的重要依据。准确有效地进行降水监测是一切防洪抗旱的基础,尽管目前卫星遥感、雷达监测等现代雨情监测技术发展非常迅速并且取得了相当的成就。但是,单纯地依赖这些遥感技术是不够的,地面雨量站监测网络系统在准确性方面有着不可替代的优势。

自动雨量站网络系统就是针对特定区域进行雨量的定量化监测和分析的一种重要而有效的手段。目前它已经在我国许多地区得到了广泛的应用,并且在一些重大项目,如人工增雨项目中发挥了重要的作用。

9.5.2 能见度观测组网

能见度是气象观测的一个重要要素。随着我国国民经济的快速发展,现代化交通工具在我国日益普及,高速公路、航空港、海航航道对能见度的依赖日益突出。雾的存在会严重降低空气透明度,使能见度恶化,危害交通安全;浓雾是一种灾害性天气现象,主要发生在近地面层。目前,对能见度或雾的监测仪器已经逐步走向成熟,已经越来越多地被应用到了高速公路、机场等部门。而能见度观测网络系统将可以发挥集群式观测的优势,对提高一些特殊行业和部门的科学决策水平发挥积极的作用。

第十章 场地与安装

10.1 环境条件与观测场地

气象观测站的场地选择与安装要求,是取得具有代表性与比较性的气象资料的必要条件。

观测场周围的环境条件十分重要。有代表性好的环境条件可以取得反映较大区域内气象要素特点的观测资料,因此,要注意地形和地面障碍物的影响。这一点,对风的测量来说,特别重要。因为地形的起伏及障碍物的存在会使风向和风速发生畸变。要避免这种影响,观测场边缘与四周孤立障碍物的距离,应是该障碍物高度的 10 倍以上。观测场最好选在平坦的、气流畅通的地方。

观测场地应远离污染源。电磁波污染会影响温度等要素的正确测量;化学污染会影响湿敏电容的测湿结果;障碍的阴影和反光的物体会影响太阳辐射量和日照时数的测量;但短矮的灌木丛对测量降水量却是有益处的。

属国家气象业务部门管辖的气象台站的环境条件,应该符合有关技术规定。但无人职守的自动气象站观测场的周围环境可适当放宽。

观测场一般为 25 m×25 m 平整场地;高山、海岛、无人站可根据实际情况而定。场地应浅草平铺(不长草的地区除外)。要保持观测场地的自然状态。要测定观测场地的经纬度(精确到分)和海拔高度(精确到 0.1 m)。

观测场是安置人工观测仪器与自动气象站的地方,场内仪器设施的布置要注意互不影响,便于观测操作。具体要求要符合有关部门的技术规定。

10.2 自动气象站各部分的安装

10.2.1 各传感器的安装方法

自动气象站各传感器的安装高度如表 10.1 所示。

表 10.1 自动气象站各传感器安装高度表

仪器	要求与允许误差范围		基准部位
温湿度传感器	高度 1.50 m	±5 cm	感应部分中部
雨量传感器	高度不得低于 70 cm	±3 cm	口缘
蒸发传感器	高度 30 cm	±1 cm	口缘
地面温度传感器	感应部分和表身埋入土中一半		感应部分中心
草面温度传感器	草内离地面 6 cm	±1 cm	感应部分中心
浅层地温传感器	深度 5、10、15、20 cm	±1 cm	感应部分中心
深层地温传感器	深度 40、80 cm 深度 160 cm 深度 320 cm	±3 cm ±5 cm ±10 cm	感应部分中心

仪器	要求与允许误差范围	基准部位
日照传感器	高度以便于操作为准 纬度以本站纬度为准　±0.5° 方位正北　±5°	底座南北线
辐射传感器	高度1.50 m 直射、散射辐射表： 方位正北　±0.25° 纬度以本站纬度为准　±1°	支架安装面 底座南北线
风速传感器	安装在观测场高10～12 m	风杯中心
风向传感器	安装在观测场高10～12 m 方位正南(北)　±5°	风标中心 方位指南(北)杆
气压传感器	高度以便于操作为准	感应部分中心
能见度传感器	高度：　1.8 m　±20 cm	

（1）气压传感器的安装

自动气象站用的振筒式气压传感器或膜盒式电容气压传感器安装在数据采集箱内。数据采集器有的安装在观测场内，有的安装在工作室内，但气压传感器的感应部分要与台站水银气压表的感应部位高度一致，并使用水银气压表的海拔高度值作为气压传感器的海拔高度值，该高度值作为参数设置，以便计算出海平面气压值；如果气压传感器的高度无法调整到与水银气压表一致时，要重新测定气压传感器的海拔高度，该高度值作为参数设置，以便计算出海平面气压值。

（2）温度和湿度传感器的安装

温度传感器和湿度传感器用支架安装在百叶箱或辐射罩内，感应元件的中心部分离地面1.5 m，传感器的连接电缆要连接、固定牢靠。

百叶箱应水平地固定在一个特制的支架上。支架应牢固地埋入地下，顶端约高出地面125 cm；埋入地下的部分，要作防腐处理。架子可用木材或角铁制成，也可用带底盘的钢制柱体制成。百叶箱装在架子上，用角铁和螺丝钉固定。多强风的地方，还须在四个箱角拉上铁丝纤绳。箱门朝正北。

若进行野外考察时，建议使用防辐射罩，温湿传感器安置在罩的中部。

（3）风传感器的安装

自动气象站使用风杯式风传感器时，要将风向、风速传感器用法兰盘分别固定在长1～1.5 m横臂的两端。传感器的电气连接线接入接线盒。然后再将横臂安装在风塔(杆)上。

安装时，中轴应垂直，横臂应水平。人为地把风向标对准正北，这时，显示值应为0°。传感器的信号电缆要捆扎在风杆上，不要使电缆悬空挂着。

风杆顶端要安装避雷针，避雷针用紫铜线做下引线，顺风杆下来接到避雷接地桩上。

当使用螺旋浆式风传感器时，可将传感应器用法兰盘直接固定在风塔(杆)顶部。

（4）雨量传感器的安装

雨量传感器安装在观测场内与其它雨量仪器同一行的适当位置上。

安装前要做好水泥基础(如图10.1)。水泥基础上放置由厂方提供的安装调整盘，根据安

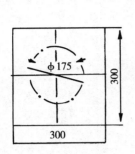
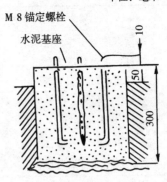

图 10.1　水泥基座参考图

装调整盘上的螺钉埋设孔埋设地脚螺钉。

先将承水器外筒安在观测场内，底盘用三个螺钉固定在混凝土底座或木桩上，要求安装牢固、器口水平。器口距地高度不得低于 70 cm。感应器安在外筒内。如果使用的是双翻斗式雨量传感器，应注意当上翻斗处于水平位置时，漏斗进水口应对准其中间隔板。最后用电缆与采集器连接，电缆不能架空，必须走电缆沟(管)。

安装完毕，将清水徐徐注入承水器，随时观察计数翻斗翻动过程，有无不发信号或多发信号现象。检查室内仪器上是否采集到数据。最后注入定量水(60~70 mm)，如无不发信号或多发信号的现象，且室内仪器的数据与注入水量相符合，说明仪器正常，否则须检修调节。

(5)地温传感器的安装

① 地表温度传感器的安装

我国测量地表温度用两个传感器，一个测定土壤表面温度，另一个测定草面温度或雪面温度。

地表温度传感器安置在观测场南面平整的裸地上称为 0 cm 地温。裸地面积为 $2 \times 4 \ m^2$，地表应疏松、平整、无草。地表温度传感器方向朝东，一半埋入土中，一半露出地面，传感器中部与地表齐平。传感器埋入土中部分应与土壤密贴，不可留有空隙；露出地面部分要保持干净。与

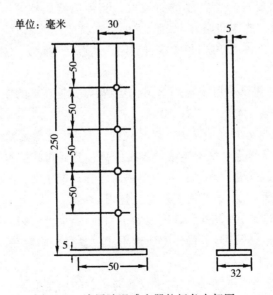

图 10.2　浅层地温感应器的板条支架图

传感器连接的电缆埋入浅土层中。

测定草面(或雪面)温度传感器安在裸地面西侧的草地中,面积约 1 m²。传感器水平安放在距地 6 cm 左右的架子上,连接电缆大部分埋设在土壤中,但在传感器一端留 0.5 m(视当地积雪深度而定)左右的电缆露出地面,以便移动。

② 浅层地温传感器的安装

浅层地温四个传感器也是铂电阻,与地表温度传感器一起安在观测场裸地中,5、10、15、20 cm 地温传感器分别穿入相应的板条中,感应头朝南。板条全长 250 mm、宽 30 mm、厚 5 mm。板条用木料或硬塑料等不易导热的材料制成。浅层地温传感器的板条与安装如图 10.2 和 10.3 所示。

与各层地温传感器相连接的电缆应有 1m 左右长度埋入相应的土层中,然后引入地沟内。

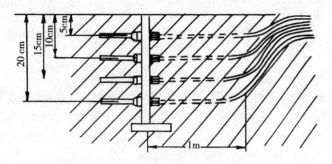

图 10.3 浅层地温传感器安装示意图

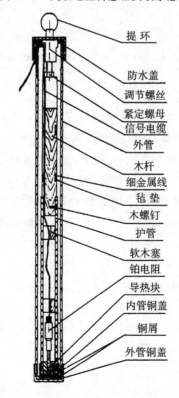

图 10.4 深层地温传感器组装示意图

浅层地温安装支架的零标志线应与地面齐平,需经常检查其是否变动。

③ 深层地温的传感器的安装

深层地温四支铂电阻传感器各安装在一根木棒(或三节棒)上,木棒的长度依深度而定。整个木棒及传感器放在专用的套管内。木棒顶端有一个金属盖,金属盖内装有毡垫,以阻滞管内空气对流,也可防止降水等落入。

深层地温传感器组装如图 10.4 所示。

深层地温的专用套管安装在观测场南边,面积为 $3 \times 4 \ m^2$ 的草地上。深层地温的专用套管安装应自东向西,由浅到深即 40、80、160、320 cm 排列一行,管间相隔约 50 cm。安装套管挖坑时应尽量少破坏土层,如有条件,使用钻孔设备钻孔更好。套管须垂直埋放使各传感器中心部分距离地面的深度符合要求,并把管壁四周与土层之间空隙用细土充实、捣紧。然后将装有传感器的木棒放入专用的套管中。

连接传感器的电缆从专用套管口上引到地沟中,露出部分要埋入土中。

(6) 辐射传感器的安装

① 辐射观测场地

总辐射表、散射辐射表、直射辐射表、反射辐射表和净全辐射表,应安置在符合条件的场地上。测量来自天空的总辐射、散射辐射、太阳直接辐射和全辐射时,要求仪器感应面上,无任何障碍物影响。如果达不到此条件,应选择避开障碍物一定距离,任何障碍物的影子不能投在仪器感应面的地方,一年内任何时刻日出和日落方向不能有高度角超过 5°的障碍物。不要靠近浅色墙壁或其他反射阳光的地方。测量来自地面各种辐射时,要求有一个空旷、不受障碍、有代表性下垫面的地方。

地面观测场符合辐射观测标准要求时,可在场地南边扩出 $10 \times 25 \ m^2$(南北 10 m,东西 25 m),冬季积雪不要破坏雪面自然状态。如果无法向南扩充场地,也可以在观测场内南边的空旷处,安置辐射仪器。

② 辐射台架与传感器的安装

辐射仪器应安装在特制的台架上,全部仪器可安装在一个或几个台架上。台架离地面高度为 1.5 m。各种辐射表排列的原则是:各仪器间应离开一定的距离,一般高的安装在北面,低的在南边,各种辐射表的观测视野,不要受到相互的影响,同时便于接近仪器。另外,安装辐射表的台架,不要太靠近观测场的围栏,避免意外事故损坏仪器。

仪器的台架要用坚固、不易变形、便于固定各种辐射表的材料,例如用木板或金属制成的台架。台架通常漆成灰色或黑色,台架上辐射表分布位置和高度,参照图 10.5 与图 10.6。

所有的辐射表安装共同的要求是底座均应调到水平,然后使用螺钉牢固地固定在底板上。接线柱方向朝北。各种辐射表安装时具体注意事项分别为:

安装总辐射表时先把白色挡扳卸下,才能固定仪器,然后再装上挡板

净全辐射表安装在支架伸出长臂的末端。

安装直接辐射表时要求底座水平;纬度刻度盘对准当地纬度(准确到 0.1°),底座方位线对准南北线。

测定南北线的方法如下:

经纬仪法 真太阳时正午,用经纬仪(通过深色玻璃)观测太阳,然后降低物镜到水平面一点。这一点与观测点相连,即南北向并在仪器台柱上画出南北线。在晴朗夜晚用经纬仪测北极星的方法也可确定南北线。

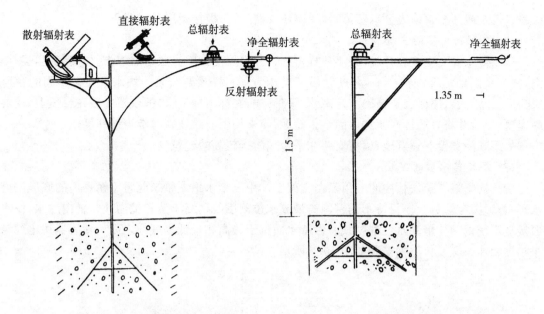

图 10.5　一级站辐射表安置分布图　　图 10.6　二级站辐射表安置分布图

铅垂线法　这是较常用的一种方法。在真太阳是正午,用铅垂线观测其投影(即当地子午线),使仪器底座上的南北方位线与其重合,尽可能达到±0.25°以内。应用铅垂线对方位时,应算出当地当日真太阳时正午对应的北京时间(钟表时间)。

例:某站(106°29′58″E)6月28日测南北线,求当日真太阳时正午相当于北京时间几时几分?

根据附录1的公式:

真太阳时(TT)=地平时(T_M)+时差(E_Q)=北京时(C_T)±经度时差(L_C)+时差(E_Q)

经度差=120°−106.5°=13.5°

经度时差(L_C)=13.5°×4分/度=54分=0^{54}

106°在120°以西,因此,$L_C=-0^{54}$,6月28日查附表2.4.1,时差(E_Q)为-0^{03}

$12(TT)$=北京时$(C_T)-0^{54}-0^{03}$

北京时=$12+0^{03}+0^{54}=12^{57}$

因此,必须使北京时12^{57}这一时刻的铅垂线投影与仪器底座的南北线重合。

对方位往往不是一次能对好的,反复几次对准后,初步将底座固定。

直射表安置好后,应试跟踪太阳一段时间,检查其是否准确,如发现不准时,应反复调整直到正确为止(一天跟踪误差,<1光点)。

散射辐射表先将遮光环安装在观测台架上,使底盘边缘对准南北向,即遮光环丝杆调整螺旋柄朝北。对准当地纬度,固定标尺位置。最后把总辐射表水平安装在遮光环中心。

安装反射辐射表时,应将仪器感应面朝下,固定在金属板上。同时把仪器上的白色档板翻过来安装,否则降雨时,雨水将聚在白色档板上,流入感应器损坏仪器。

各种辐射表安装和调整后,再将各表的接线柱的输出端与电缆线联接,接线时要注意+、−极,所有接头要焊接牢固,导线排列整齐,通过观测场地沟与采集器联接,直接辐射表的另两根跟踪控制线也按同样方法联接。

最后应检查导线+、−极是否接错,白天有太阳时,所有辐射表都应显示有辐照度。当某辐射表显示 0 或净全辐射表显示负值时,说明该仪器＋、－极接错应及时改正。

（7）日照传感器的安装

日照传感器要安装在开阔、终年从日出到日没都能受到阳光照射的地方。如安装在观测场内,要先稳固地埋好一根柱子(高度以便于操作为宜),柱顶要安装一块水平而又牢固的台座(比日照计稍大),座面上要精确测定南北(子午)线,并标出标记。再把仪器安装在台座上,仪器底座要水平,并将日照计底座加以固定。然后,使支架上的纬度线对准当地纬度值。

如果观测场没有适宜地点,可安装在平台或附近较高的建筑物上。

（8）蒸发传感器的安装

传感器安装在蒸发桶内的专用三角支架上。用三个水平调整螺丝将不锈钢筒的底座调整水平,拧紧固定螺钉。应保持不锈钢圆筒最高水位刻度线稍高于蒸发桶溢孔。桶内注水,使水面接近不锈钢筒的最高水位刻度线。保持水面位于最高和最低刻底线之间。传感器用电缆与采集器相连。蒸发传感器安装如图 10.7 所示。

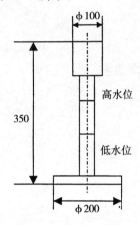

图 10.7　蒸发传感器安装示意图

（9）能见度传感器的安装

传感器应设置在能确保测量具有代表性的地方。当用来作气象观测时,仪器应安装在远离局地大气污染的地方。例如远离烟、工业污染、多尘路面的地方。

测量消光系数或散射系数的空气体积应与观测者的眼睛在同一水平面上,大约在地面以上 1.8 m 左右。

测量散射系数的散射仪,必须安装在使太阳在一天内的任何时刻都不出现在仪器光场内。

当用来作航空观测时,测值应能代表在机场的状况,这种状况同机场的具体的业务操作紧密相关。

传感器应按照生产厂家的说明书安装,特别注意校准透射仪的发射器和接收器在一条直线上并正确调准光束。安装发射器和接收器的立柱应具有机械坚固性,以避免在冻结特别是在解冻时地面变化造成准直性偏离。另外,外露装置在热应力作用下必须不致产生形变。

10.2.2　电缆的安装与联接

在观测场内,自动气象站中的各传感器、采集器及联接箱的连接电缆都应顺溜的从地沟中通过护管穿行至工作室内,不许架空走线。

（1）地沟

地沟的剖面参考图如图 10.8 所示。

地沟深 50～70 厘米,宽 35～45 厘米。两侧应砌砖墙,水泥勾缝。底部用砖砌或混凝土、三合土夯实,厚为 5 厘米。地沟的上边沿用水泥、钢筋做边,以增加强度。地沟的一个侧面从沟底向上三分之一处,而另一侧面从沟底向上三分之二处,架设两排金属挂沟,其间距为 1 米。

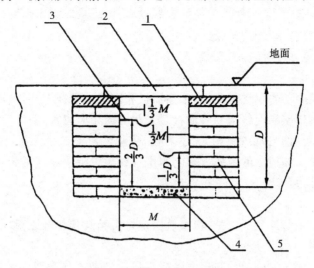

图 10.8　地沟剖面参考图
1 地沟沟沿　2 盖板　3 挂钩　4 底层　5 砖墙

两排挂钩的横向位置相互错开。挂钩用直径 5 毫米的钢筋制作,端部做成三分之一的圆弧(圆的直径为 9 厘米)。地沟要留有排水涵洞,以防雨后积水。

风杆、百叶箱、雨量、蒸发、辐射、日照、能见度和地温传感器至地沟处,都要有直径为 9 厘米的洞口。地沟上面盖水泥盖板,水泥盖板做成正方形,边长为 50～70 厘米,厚度为 5 厘米。地沟盖上盖板后略高于地面。总的要求是排水、通风、防鼠咬、防雷击。

在观测场内,地沟的具体设计,各站可根据具体情况而定。

（2）转接盒的安装

传感器电缆进地沟的方法与观测场内转接盒的型号有关。一种是把各深度地温传感器的电缆接入转接盒内,然后用一根地温电缆接入室内。另一种是将观测场内全部传感器的电缆接入转接盒内,然后用一根信号电缆线接入室内。前一种转接盒安装在地温场地的附近,不需接地线。后一种转接盒安装在风杆附近,必须有良好的接地线,接地电阻应<5 欧。

转接盒安装在防锈的金属支架上其高度离地面 0.5 米左右。

（3）电缆进地沟的方法

温、湿传感器电缆从百叶箱底部引出后,穿管进入地沟;或从百叶箱引出后,穿管接到转接盒上,再从转接盒引出穿管进入地沟。

风传感器电缆引出后,沿风杆而下,在距地面 1.5 米处,穿管进入地沟。蒸发、雨量传感器电缆引出后,穿管进入地沟;辐射、日照、能见度传感器电缆沿支架穿管进入地沟。

地面温度传感器的电缆埋入离地面 2 厘米的浅土中,再进入地沟。浅层地温传感器电缆埋入相应深度的土壤中,然后直接进入地沟。深层地温传感器插入相应深度的专用套管内后,其电缆直接进入地沟。在电缆进地沟的各连接处,做一个可使电缆顺利地进入地沟的洞口。电缆进入地沟中的洞口后,洞口处要堵严,以防虫、鼠进入。

（4）地沟中电缆的安装

① 准备好内径约为 80 毫米的硬塑料套管、直接头、弯接头、三通接头;

121

② 将电缆线依次穿入套管中,套好接头和连结处,以防鼠害;

③ 盖好地沟上面的盖板。

（5）电缆进入室内的方法

在室外房基处开一个小洞,便于电缆的穿线操作。电缆从地沟出来后,穿管进入室内,然后绕墙边与采集器相连接。室外内多余的电缆盘成卷,放入木箱内。

10.2.3 采集器、电源、外围设备的安装

（1）采集器的安装

对于采集器在观测场的自动气象站,采集器机箱固定在风杆下部,采集器机箱顶部距地面约为 1.5 米。将所有传感器连线都穿管后接至采集器内相应位置。

对于采集器在室内的自动气象站,为了方便,采集器应安放在工作台的一侧,采集器显示面板的高度要与坐在工作椅上的观测人员的水平视线大致持平。采集器后板的插座与墙壁要留有过道,便于拆装连接电缆。

（2）电源安装

具有独立供电系统的自动气象站,应安装固定好机箱及其蓄电池。蓄电池连线的安装应结实可靠,不可虚接。

UPS 电源放在工作台的下面,交流电的插座应固定在工作台对面的墙上,以便工作人员操作。

（3）外围设备的安装

对于采集器安装在观测场的自动气象站,信号线从观测场通过地沟与工作室内的微机相连接。

对于采集器安装在室内的自动气象站,安装连接如图 10.9 所示。

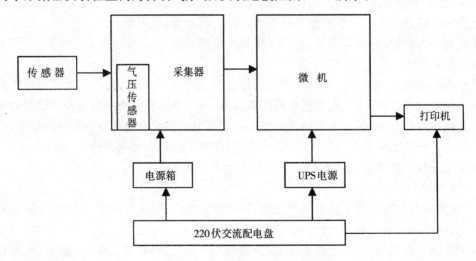

图 10.9 自动气象站连线示意图

10.2.4 避雷装置

安装自动气象站的观测站,它的观测场和工作室都应有符合《气象台(站)防雷技术规范》(QX4-2000)要求的防雷条件。

自动气象站都配有避雷装置,安装在风杆顶端,用紫铜线从风杆引下,连接到气象站的接地点上。自动气象站机体应该单独接地,该接地点应距风杆避雷地大于 5 米。接地点电阻应小

于 5 欧姆。

除温湿传感器、蒸发传感器外,其余传感器外壳均应接地,室内设备如计算机等的接地线的电阻应小于 5 欧姆。

10.2.5　软件的安装

地面气象测报业务软件与自动气象站采集通讯软件一般都打包捆绑在一起,统称为"地面气象测报业务系统",所以软件的安装和卸载均同时包括两者。

如果原先安装过早期版本的地面气象测报业务系统,则应先从系统中卸载该软件,然后安装。但应注意尽量保留和沿用原来的参数文件和历史数据,最起码要将原来的参数和数据进行备份。

第十一章　数据质量控制

自动气象站数据质量控制的目的是,通过采用适当的硬件和软件措施最大限度地减少不准确的观测资料和缺测次数。为了达到这两个目的的前提是,每个观测值都要经过数据质量控制后从大量数据样本中计算出来。在这样情况下,有较大误差的样本就可以被挑选出来进行甄别,或者直接剔除。

数据质量控制贯彻在设计、选购、测试、安装、运行全过程中。通过选择合理的站址和环境条件,自动气象站的很多误差可以避免。为了保证资料有优良的质量,建立和使用完善的维护、维修和标定规程是绝对有必要的。在某种程度上,数据质量控制的要求是针对仪器性能和环境条件提出来的。任何自动气象站的技术说明中,应明确地说明该仪器所使用的最低限度的数据质量控制方法。

在自动气象站中,对传感器进行数据质量实时控制,可以初步确定某个被测的量被怀疑或存在误差的原因。但这些有较大误差的数据还不能轻易剔除。通过自动气象站的内置的硬件对设备进行自检,进一步确定有较大误差的数据是否是设备本身的原因造成的。然后,把这些被怀疑的数据存储在设备管理缓冲器中,等待进一步的甄别。

通常,设备管理缓冲器中的数据,作为日常观测的附件传送到中央网络处理系统中去。在这里,有更为先进的数据质量控制手段,最终确定这些被怀疑的数据,是否应该剔除。

在自动气象站网的中心站有多种数据质量控制措施,如检查编码误差,内部的一致性、时间和空间连续性和气候极值等等。

中心站的一项重要任务是对所属各自动气象站的运行实行监控,其内容包括:

记录由数据质量控制检测出的误差的数量和类型;

将自动气象站的资料按天气和时间段分组汇编。通过空间场和可比的时间序列来辨别这些数据组合与邻站的系统误差。

获取有关设备故障或运行的其它方面的报告。

11.1　数据质量控制的主要内容

质量控制的主要内容是各测量要素间的检验。

这种检验是建立在物理学和气象学原理基础上的。目前,这种检验还没有在自动气象站内部实现,而是在自动气象站月资料整理后,进行二级检验;即自动气象站所在地观测员进行初检,然后由省气象局(或中心站)按审核软件进行 全面检验。检验通常按以下原则:

各要素是否符合正常的变化规律;

各要素的测量值,是否符合相互间的关系;

极值及其出现时间是否有反常现象;

当资料出现反常时,应从相关情况分析其合理性。

例1.气温正常变化,日出后开始升高,至午后 2～3 时达到最高。如果某站在上午 8～9 时气温就开始下降,就应检查是否有冷空气入侵、或飑线过境,以及强降水发生等。

例2.净全辐射,通常白天为正值。某站白天出现负值,就应检查地面是否有积雪,或出现强降水等现象等。

当月统计值(平均值、合计值、极值)出现明显反常时,应用时空资料比较。即用本月资料与历史长序列资料以及与邻近站的资料进行比较,找出原因。必要时要对自动气象站进行现场检查。

例1:通辽站(43°45′N,122°16′E)1991年总辐射资料与邻近站长春、沈阳、锡林浩特资料的比较,结合通辽的日照、云量、降水量等气象要素分析(见图11.1),发现该站7、8、9、10四个月总辐射资料有问题,应进一步查找原因。

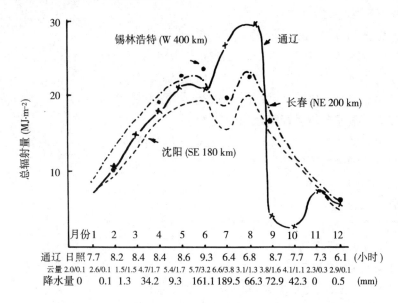

图 11.1　通辽站与邻近站 1991 年总辐射月平均分布图

具体的检验方法如下:

11.1.1　日极值与定时值的比较检查

(1)日最低气压≤定时气压≤日最高气压;

(2)日最低气温≤定时气温≤日最高气温;

(3)日地面最低温度≤定时地面温度≤日地面最高温度;

(4)定时风速≤日最大风速;

(5)日最小相对湿度≤定时相对湿度。

11.1.2　要素的相关检查

(1)定时温度≥露点温度;

(2)海平面气压≥本站气压(海拔高度低于 0.0 米的台站除外);

(3)极大风速≥最大风速。

11.1.3　有关项目之间的差值检查

(1)5 cm 与 10 cm 地温各定时记录的差值<15.0℃;

(2)10 cm 与 15 cm 地温各定时记录的差值<10.0℃;

(3)15 cm 与 20 cm 地温各定时记录的差值<8.0℃;

(4)20 cm 与 40 cm 地温各定时记录的差值<6.0℃;

(5)0.8 m 与 1.6 m 地温各定时记录的差值<4.0℃;

(6)1.6 m 与 3.2 m 地温各定时记录的差值<3.0℃。

11.1.4 气候极值比较检查

(1) 最高本站气压<1050.0 hpa,日最低本站气压>600.0 hpa;

(2) 最高气温<50.0℃,日最低气温>−55.0℃;

(3) 水汽压<55.0 hpa;

(4) 露点温度<35.0℃;

(5) 定时降水量<200.0 mm;

(6) 日最大风速<65.0m/s;

(7) 日极大风速<75.0 m/s;

(8) 日蒸发量<30.0 mm;

(9) 日地面、草面最高温度<80.0℃,日地面、草面最低温度>−60.0℃;

(10) −40.0℃<5,10,15,20,40 cm 各定时地温<45.0℃;

(11) −25.0℃<0.8,1.6,3.2 m 各定时地温<35.0℃。

11.1.5 人工输入数据后相关要素之间的检验

当人工观测数据输入自动气象站后,再做进一步的检验。

人工观测记录可做如下检验:

(1)有关要素的相关检验

① 总云量≥低云量;

② 冻土深度≥0 cm 时,地面最低温度≤0.0℃(解冻时除外);

③ 总云量≥1 时,应有云状;

④ 低云量≥1 时,应有低云状;

⑤ 云状为吹雪、雪暴、雾现象时,总低云量均应为10;

⑥ 云状为烟、霾、浮尘、沙尘暴、扬沙时,总低云量均应为"—";

⑦ 定时能见度<1.0 km 时,应有雾或沙尘暴、雪暴现象;

⑧ 定时能见度<10.0 km 时,应有轻雾或吹雪、扬沙、浮土、烟幕、霾、降水现象;

⑨ 降水量≥0.0 mm,应有降水现象或雪暴;

⑩ 积雪深度≥0 cm,应有积雪现象;

⑪积雪深度≥5 cm 时,就有雪压值;

⑫电线积冰直径≥1 mm 时,应有雨淞或雾淞现象;

⑬雨淞(雾淞)直径≥8(≥15) mm 时,应有重量值;

⑭极大风速≥17.0 m/s 时,应有大风现象;

⑮风向为"C"时,风速≤0.2 m/s。

(2)某些项目的逻辑检查:如

①总、低云量≤10 成;

②相对湿度≤100%;

③电线积冰厚度≤直径;

④冻土深度上限<下限(上、下限均为 0 除外);

⑤各时日照时数≤1.0 小时;

⑥风向为 N、E、S、W、C 或前四个字母的规定组合;

⑦云状为观测规范规定的 29 种云的符号及雾、吹雪、雪景、浮尘、霾、烟幕、扬沙、沙尘暴等现象的符号或代码;

126

⑧天气现象为观测规范规定的 34 种现象符号或代码。

(3)气候极值比较检验

①低云高<3000 m(距地高度);

②中云高 2500～5000 m(距地高度);

③高云高>4500 m(距地高度);

④雪深<100 cm;

⑤雪压<30.0 g/cm²;

⑥电线积冰直径<200 mm;

⑦电线积冰重量<30000 g/m;

⑧冻土深度<450 cm;

11.1.6 气象辐射资料检验

(1)极值检查

①总辐射最大辐照度<2000 W·m⁻²;

②直接辐射最大辐照度<1376 W·m⁻²;

③日总辐射曝辐量<可能的总辐射曝辐量(见表 11.1,特殊情况下,冬季允许超过
≤20%,夏季≤15%)。

表 11.1　可能的总辐射日曝辐量(单位为 MJ·m⁻²·d⁻¹)

北纬(°)	1月	2月	3月	4月	5月	6月	7月	8月	9月	10月	11月	12月
90	0.0	0.0	0.2	14.0	30.7	36.6	33.3	18.1	3.3	0.0	0.0	0.0
85	0.0	0.0	1.0	14.3	30.6	36.1	32.9	18.4	4.3	0.0	0.0	0.0
80	0.0	0.0	2.9	15.1	30.1	35.4	32.2	18.7	6.0	0.6	0.0	0.0
75	0.0	0.8	5.6	16.4	29.5	34.4	31.0	19.4	8.2	1.9	0.0	0.0
70	0.0	2.2	8.5	18.4	28.8	33.0	29.9	20.5	10.6	3.8	0.7	0.0
65	1.0	3.9	11.3	20.4	28.7	32.1	29.5	21.9	13.3	6.1	1.9	0.3
60	2.5	6.1	13.9	22.5	29.2	32.2	30.0	23.5	15.8	8.5	3.6	1.6
55	4.4	8.7	16.4	24.3	30.2	32.8	30.8	25.2	18.1	11.0	5.7	3.0
50	6.8	11.5	18.7	26.0	31.1	33.3	31.7	26.8	20.2	13.6	8.1	5.6
45	9.4	14.5	21.6	27.4	31.9	33.6	32.1	28.3	22.2	14.4	10.9	8.2
40	12.4	17.2	23.0	28.5	32.4	33.7	33.0	29.0	23.9	18.5	13.6	11.1
35	15.0	19.6	24.8	29.4	32.6	33.6	33.1	30.1	25.4	20.6	16.0	13.7
30	17.5	21.7	26.2	30.0	32.6	33.3	32.9	30.6	26.8	22.6	18.4	16.1
25	19.8	23.6	27.3	30.3	32.2	32.8	32.5	30.7	27.9	24.4	20.6	18.4
20	21.8	25.2	28.3	30.3	31.6	32.0	31.7	30.6	28.7	26.0	22.6	20.7
15	23.7	26.6	29.1	30.1	30.8	30.9	30.8	30.3	29.4	27.2	24.4	22.6
10	25.4	27.8	29.7	29.8	29.7	29.5	29.6	29.8	29.8	28.2	26.0	24.6
5	27.7	28.7	30.1	29.4	28.5	28.0	28.3	29.0	29.9	29.1	27.5	26.4
0	28.4	29.4	30.2	28.7	27.1	26.4	26.8	28.2	29.8	29.7	28.7	28.0

(2)相关性检查

①时(日)总辐射曝辐量≥时(日)净全辐射曝辐量;

②时(日)总辐射曝辐量≥时(日)散射辐射曝辐量;

③时(日)总辐射曝辐量≥时(日)反射辐射曝辐量;

④日总辐射曝辐量≥日水平面直接辐射曝辐量;

⑤日直接辐射曝辐量≥日水平直接辐射曝辐量；

⑥日总辐射曝辐量与(日散射辐射曝辐量＋日水平面直接辐射曝辐量)差的绝对值≤20％日总辐射曝辐量；

⑦日总辐射最大辐照度≥日净全辐射最大辐照度；

⑧日总辐射最大辐照度≥日散射辐射最大辐照度；

⑨日总辐射最大辐照度≥日反射辐射最大辐照度。

（3）反射比检查

我国反射比资料一般在10％～20％左右，一地反射比相当稳定。当出现反常时应检查下垫面是否出现积雪等。

以上检查规则中，一般情况下全国各地基本适用；但由于各地的气候差异较大，部分规则不一定适用，各地可根据实际情况进行修改。

11.2 数据质量控制的其它内容

11.2.1 自动气象站的选用

市场上各种类型、型号的自动气象站很多，它们的各项技术指标不一定能全面符合用户的具体要求。气象业务主管部门根据业务的需求选定所需的自动气象站；或者，通过公布招标技术文件的方式，要求制造厂商设计制造出符合用户要求的自动气象站。

11.2.2 传感器的内部检验

每个传感器在采样中，某些样本值似是而非，甚至出现明显不合理现象，例如气温已上升至零度以上，突然出现一个样本值为零下值；相邻两个样本值之间的变率似是而非，甚至出现明显的不合理现象，例如在气温的测量中，每10秒钟取一个样本，突然发现两相邻样本值相差1℃以上等等。

通过传感器的内部检验程序，可以发现以上不合理样本值。如果它超出了测量值的极限范围，就可以视为是不真实的粗大误差，予以剔除。

目前，我国的自动气象站还没有建立完善的传感器内部检验程序，仅在气压、气温、湿度、地温等要素的测量中，每分钟的6个样本中剔除了最大值和最小值。

11.2.3 参数修改

自动气象站在业务运行前，其"基本参数"和"传感器参数"等已经设定好了。但在运行一段时间后，如果要更换辐射传感器，就应修改仪器灵敏度，否则会产生错误。又如由翻斗雨量计测降水量改为人工方法测降雪时，要修改传感器参数。某些传感器在使用一段时间后，其特性曲线发生了变化，则要修改特性曲线的斜率与截距。

11.2.4 硬件检验

在运行过程中，自动气象站的性能会因硬件的老化、不适当的维护、仪器故障等原因而降低。因此，很重要的是，要利用自动气象站的内置测试设备，使自动气象站自动地进行周期性的自检，把检验结果提供给使用者。

11.2.5 信息检验

对于配备信息编码软件和全球通信系统信息传输软件的自动气象站，认真执行上述检验是至关重要的。另外，须对软件在字符、数字、格式等方面与有关规定的一致性进行控制。当某些值受到了怀疑，应采取适当的措施。

11.2.6 网络数据质量控制

包括远程监控措施,即自动监控子站运行情况,自动控制子站运行状态;在通信中全自动误码纠错。

在监测部门和相关的维护、标定部门之间建立有效的联系机制,当接到监测部门送来的仪器故障或资料不准确的报告时,相关部门能做出迅速的反应,及时处理。

数据质量控制措施还有:日常维护;故障维修;初始标定;现场检查;定期检定;人员培训等等。

11.3 平行对比观测

平行对比观测是数据质量控制的延伸,是必不可少的环节。

11.3.1 对比观测的目的

观测资料质量评估是我国大气监测自动系统的重要组成部分,第12届气候委员会会议(CCL)明确要求 WMO 成员国,在进行大气探测自动化进程中,需要进行一定时间的平行观测,在统一的气候资料存档和管理原则下,对自动气象站资料进行质量评估,以确保历史资料的均一性。

自动气象站投入业务运行后,为了了解该仪器观测质量,需进行观测资料的分析评估。旨在利用统一的技术标准,对自动气象站观测资料的完整性、准确性、连续性进行分析。按时检查、分析人工观测与自动观测记录的差异,及时发现重大质量问题并报上级主管部门。在统一气候资料存档和管理原则下,永久保存在换型过程中同期对比观测资料,以利于气候资料的连续使用。

11.3.2 对比观测的时间及项目

使用自动气象站的台站,均需进行为期两年的平行对比观测。第一年,自动气象站的全部观测项目与人工观测平行进行。人工和自动气象站的报表均报送国家气象档案馆存档,但发报、报表(或数据文件)仍以人工为主;第二年,国家基本气象站只在每天 02,08,14,20 时(一般气象站只在每天 08,14,20 时)平行观测常规气象要素(压、温、湿、风)。但发报、报表(或数据文件)以自动气象站为主。

11.3.3 对比观测中的人工观测用仪器

在平行对比观测期间,凡是人工观测项目,均采用台站目前仍使用的常规观测仪器,其安装地点、观测方法均不得改变,要保证这些仪器处于正常的工作状态。

11.3.4 平行对比观测资料评估原则

(1)评估方法的制定

评估方法除考虑一般的常用评估内容:如缺测率、粗差率、相符率外,为利于气候资料的连续使用及全面评估,还应考虑各站、各要素资料的历史状态,评估自动观测记录与标准气候值(1961～1990)资料数据的差异情况。与标准气候值数据的比较,如平均值、极端值(最高、最低)、标准差的差异,并具有监测异常数据的能力。

(2)数据格式的统一

为利于平行对比观测资料的评估,自动气象站的记录的数据格式应与业务上使用的数据格式相兼容。数据文件名应统一规定,并区分不同观测方法所观测的要素。

（3）分阶段评估

整个评估期为两年，采取分阶段评估方式，即第一年评估全部项目；第二年评估气压、气温、湿度和风四个要素。每年年初对上年全部资料进行分析评估，提出评估报告。

11.4 观测资料的同一性要求

观测资料的同一性也称观测资料的均一性，它是人工观测体制向自动观测体制转型中必须要解决的问题。如果一个测站得到的气象记录序列仅仅是气候实际变化的反映，那么，这样的资料就是均一的。

过去，观测站网的建立主要是为天气预报服务的，质量控制主要集中于辨认离异点。例如，某测站测得的气温与邻站差别特别大，就认为是一个奇异值，在天气图分析中，就可将其去掉等等。在那时，很少考虑检验资料的同化和时间序列的连续性问题。随着气象业务的扩大，特别是温室气体对全球气候的影响，人们对气候变迁的兴趣日益高涨，气象资料同一性的要求受到了重视。

在对气象资料同一性研究中，发现许多明显的气候变化并不是真正的气候变迁，而是由于测站位置的迁移，周围环境的改变，观测仪器和安装方法的更新，观测方法（包括观测时制，取样与算法）的改变等等所造成的。特别是随着城市化的加速，新的观测设备的采用，这一情况就更为突出。

为此，需要分析资料异化的原因和尽可能多的记录元资料，在此基础上建立元资料库。这样，就有可能对不均一的资料加以订正或者在分析中注意到使均一性破坏的那些因素的作用，作出恰当的分析结论。

随着自动气象站在地面气象观测中的广泛使用，如何将其所获得的气象资料与过去人工观测资料加以同化，使两种观测体制完好衔接，是十分重要的。

11.4.1 资料异化的原因

资料异化起因于观测系统的变化，表现为系统突然间断，逐渐变化或变率改变。突然间断多数发生于观测仪器改变、安装地点和仪器暴露情况改变、台站易址、平均值计算变化、资料处理程序改变、应用新的订正值等。

例如，在人工观测中，用电接风向风速计取代压板测风器时，引起极大风速和大风日数的变化；百叶箱安装高度的改变，引起温度平均值的变化；水银气压表重力订正公式的改变，引起本站气压值的系统变化；

采用自动气象观测系统以后，这些变化将更为明显，如气象传感器几乎全部采用了新型气象传感器，采样与计算方法有重大变化等等。

逐步累加效应产生的异化可能由站址周围环境的改变、都市化、仪器特性的逐步改变所引起。变率的变化产生于仪器功能失常。异化还可能是观测时次、时制的变化。例如：每天4次观测、每天3次观测、每天8次观测、每天24次以及60年代前用三个时区观测，所得的平均值是不相同的。

此外，巡查，维护和校准不当，同样引起观测资料的异化。在分析网络资料时，由于某些资料不能兼容，也使得观测资料异化。

为了控制资料的异化，全面细致的工作是必要的。只要对资料异化有足够的认识，先采取防范措施，并可予以订正，而运行性能监控，可用于确认订正值的有效性，或甚至可推导出订正值。

11.4.2　元资料

应尽可能地通过适当的质量管理防止资料异化。然而由于种种原因,这一目的并不是总能实现的。比如说,采用新的气象传感器是测量技术的进步,但有可能使得资料产生异化。重要的是必须掌握所有异化出现的发生频率、类型,尤其是出现异化的确切时间。有了这些信息,气候学家可以采用适当的统计程序,能以高置信度地将以前的资料和新的资料连接起来,并进入同化资料库。这些信息来源于元资料。这种称为元资料的资料就是与观测资料有关的其它讯息,即台站的详细的历史记录(包括各种情况的变迁)。如果没有这类信息,以上提到的许多异化不能被辨别或修正。元资料可视作是台站管理记录的一种扩展,它包含了一个观测系统的有关原始建制及其历史周期内所发生的变化和这些变化的具体时间。因为计算机资料管理系统将在未来资料传送系统中发挥重要作用,元资料在计算机资料库中计算合成、升级、实用化,都是能够实现的。

11.4.3　元资料库的内容

元资料包括初始建制的信息、发生的变化及更新的信息。

主要内容如下:

(1)网络信息

运行管理机构、网络的类型和目的。

(2)台站信息

①行政管理信息

②位置:地理坐标、海拔高度

③远距离和周边环境及障碍物的描述

④仪器布局

⑤设备:资料传输、电源、电缆。

⑥气候描述

(3)仪器信息

①类型:制造厂家、型号、序列号、工作原理

②运行特性

③校准资料和校准时间

④安置和暴露:位置、屏蔽、距地高度(提供适当比例的地图和平面图)

⑤观测程序

⑥观测时次

⑦观测员(姓名、年龄、职称)

⑧资料获取:采样、求平均的方法

⑨资料处理方法和算法

⑩维护和维修

⑪资料质量的评价

11.4.4　元资料库信息的来源

元资料库中的信息的来源有:台站档案、月地面气象记录报表、年地面气象记录报表、迁站平行对比观测、自动气象观测系统业务化的平行对比观测等等。

11.4.5 国家基准气候站在资料同一性中的作用

为了保持气象资料的同一性,我国在不同气候区建立了国家基准气候站,国家基准气候站的环境具有足够的代表性,并受到重点保护。国家基准气候站即使配备自动气象站以后,还要长期保持人工观测。这样保持资料的同一性和连续性,借此研究长期气候变化,必要时用它的资料检验或订正其他站出现的非同一性资料。

第十二章　自动观测与人工观测数据的差异

12.1　导言

本章所涉及的自动气象观测仪器有：

资料收集平台(DCP)：一种无人值守的卫星中继通信的自动气象站；

有线遥测仪(Ⅰ型和Ⅱ型)：一种有人值守的有线(从观测场到值班室)的自动气象站；

遥测地温仪：一种有线(从观测场到值班室)测量地温的单项遥测仪器。

本章所涉及的计量学名词有：

标准差、不确定度、准确度等，其含义见附录1。

本章所述的自动气象站动态实验结果，有两种情况值得注意：

第一种是用隐含周期分析的方法、独立地求得自动测量和人工观测各自的误差。它们是从气象资料序列中分离出来的，不但包含仪器的测量误差，还包含了大气中随机波动造成的误差，其误差值要大一些。

第二种是由自动观测与人工观测两种仪器对比差值求出的误差，只是两种仪器不同造成的误差，其误差值要小一些。这种误差很难说主要是人工观测仪器造成的，还是自动观测仪器造成的。它是一种相对比较的结果。在实践中，为了把复杂问题简单化，暂且把人工观测仪器看作是参考标准(只做少量的误差修正)，把误差算到自动仪器上，看误差的大小是否达到了气象业务所允许的程度。由于人工观测仪器早已被气象工作者所认可，如果自动观测仪器与之比较的误差又不大，至少说明自动观测仪器可以与人工观测仪器媲美。

综上所述，下面在论述自动与人工观测数据差异时，有的仅仅是理论的、定性的；有的数据是针对不同气象要素而言的；有的是半定量的。这个问题太复杂了，现在国际上还没有权威的说法。因此读者不应求全责备。

编写这一章的目的，一是告诉读者，在实际观测中对同一个气象要素，用不同的仪器去测量，其结果与理论值都存在较大的差异。二是不同仪器之间的观测结果也有一定的差异。但是，仪器之间的差异，按照业务要求，必须在规定指标之内方可将仪器投入使用。

自动气象站的软、硬件设计和测量方法，较好地考虑了理论上的要求，并反复地在现场作过对比试验，因此自动气象站的观测结果在很大程度上是合理的。

12.2　出现差异的主要原因

自动气象站投入气象业务运行后，发现它所测得的气象要素值与人工观测的结果存在某些差异。这些差异除少数是仪器故障造成的外，绝大多数是合理的。这种差异是两种观测体制不同造成的。问题的关键是哪一种观测体制更接近真实。下面就从理论和实践两个方面来论证这个问题。

12.2.1　仪器原理差异

自动气象站中使用的气象传感器与人工观测用的仪器在原理上是不同的。这些传感器有较小的时间常数,可以观测到大气中比较小的有意义的波动,使得所得到的极值更具有代表性,如温度极值、湿度极值、风速极值等等;这些传感器有较高的分辨率,更能满足用户的需求,如人工观测的风向只有 16 个方位,而自动气象站观测到的风向为 36 个方位;这些传感器有较高的测量准确度,如温度传感器(尤其是地温传感器)、风传感器、低温下的湿度传感器等等。

自动气象站由于自动采集可以避免人工观测中的主观误差与人为误差。在人工观测中,观测员往往有习惯误差,读数时可能偶然出现大的读数错误,测温时,人体对温度表的影响。2 分钟风的平均值受人的主观判断影响。深层地温人工观测时,从地中取出读数,由于受环境改变造成的误差等,而这些问题在自动观测中都是不存在的。

但自动气象站在高温、高湿下的测湿问题,累计量(如雨量、蒸发等)的测量中,还存在一些问题,需要今后改进。

12.2.2　时空差异

地面气象观测是在近地层中进行的,而在近地层中各气象要素存在较大的时间和空间的波动,也就是说存在较大的梯度变化。

根据 1979 年中央气象局颁布的《地面气象观测规范》的要求,正点人工观测在 45～60 分观测能见度、空气温度和湿度、降水、风、气压等;而地温、蒸发可安排在 40 分至正点后 10 分钟之间观测。由于人工观测是靠观测员逐项进行的,时间跨度较大。

在一般情况下,人工观测距正点的时间大约是:温度和湿度相差 5 分钟,风向、风速相差 3 分钟;气压相差 2 分钟;地温至少相差 10 分钟。在上述相差时段内,气象要素值会有不同程度的变化。夏季在气温上升时,观测时间相差 5 分钟,可造成较大的差值。在连续降水时,人工观测会有雨量损失等等。

自动气象观测是在正点按气温、湿度、降水、风向、风速、气压、地温、辐射、日照、蒸发的顺序几乎是在瞬间完成的。

由此可见,由于两种观测体制在观测时间上不同步,因此观测结果必然会出现差异。显然,自动观测能准确地测得正点值。因此,由于自动气象站观测时间的一致性,使获得的资料有更好的可比性。

从空间上说,虽然自动气象站的各传感器的安装要求基本上与人工观测相同,但其安装地点和位置也略有差别。对于像地温这种与安装位置密切相关的要素来说,地点的差别可能造成测量值的不小差异。

12.2.3　样本差异

人工观测是点读数,就是说观测员在观测时只读一次仪器的示值。当然,由于仪器存在惯性,它起到了抹平高频成份的作用,但毕竟只是一次读数。而自动观测则不同,它的每一个观测值都是多个样本值的平均值。其中温、湿、压等,都是 10 秒钟取一个样本值,去掉一个最大值和一个最小值,剩下的 4 个样本值的平均值作为观测值。在多数情况下,去掉了一个最大值和一个最小值就等于将奇异值剔除了。

时间常数不同,样本数目不同,测量结果必然会有差异。自动气象站由于获取了有意义的中小尺度波动,经过预处理后,多个样本值的平均值就能有效地平滑掉大气中的"白"噪声和去除奇异值,因此能更准确地获取有意义的要素值。

12.2.4　时次差异

自动气象站安装在有人值守的气象台站使用时,它都是每小时观测一次,一天共 24 次,有特殊要求的自动气象站,如中小尺度监测站等,观测时次更多。由于观测时次的增加,就能获取更多的有用的气象信息。

以一般气象站为例,每天 3 次人工观测,02 时用自记记录补充,全天共 4 次观测,使用自动气象站后,由于每天 24 次观测,因而它的资料密度相当于气候基准站,其优越性是显而易见的。

在我国,采用的观测时制是北京时,由于我国幅员辽阔,不同的台站,不同的观测时次所观测到各类平均值存在着不能忽略的差异。

以温度为例,4 次观测、8 次观测、24 次观测所得到温度平均值是有差异的,这种差异的大小与台站所处的纬度和经度有关。部分台站 4 次观测与 24 次观测的同月的月平均温度可相差 0.6℃;年平均温度可相差 0.2℃。

不言而喻,观测时次越多测得的资料越具有代表性,而自动气象站正好能做到这一点。

12.3 各气象要素出现差异的情况

12.3.1 气压

自动与人工观测的本站气压,在海拔高度较低的台站,两者比较接近。但在海拔高度高的台站,两者存在较大的差异,即人工观测的本站气压比自动观测的本站气压要高一些,例如青海在 2001 年 1 月至 12 月全省自动气象站的本站气压对比观测中,自动气象站的本站气压比人工观测的本站气压平均低 0.41 hPa。

从理论上说,大气中气压的变化相对较为平稳,水平梯度较小。出现差异的原因是水银气压表旧的订正公式不准确造成的。

自动气象站的气压传感器直接测出本站气压,它是在海拔较低的计量部门实验室内标定的。而水银气压表的读数值要经过公式计算(经过多项修正)后得出的,而且沿用旧的公式,因此,两种观测体制的测量结果就会有差异。

2003 年颁布的《地面气象观测规范》采用 WMO1983 年推荐的新的重力加速度公式:

$$g_{\varphi,h} = g_{\varphi,0} - 0.000003086h + 0.000001118(h - h') \tag{12.3.1}$$

其中,$g_{\varphi,0}$ 为纬度 φ 处的平均海平面重力加速度(m/s²);h 为海拔高度(m);h' 为以站点为圆心,在半径为 150 km 范围内的平均海拔高度(m)。而

$$g_{\varphi,0} = 9.80620 \times [1 - 0.0026442 \times \cos2\varphi + 0.0000058 \times (\cos2\varphi)^2] \tag{12.3.2}$$

在周围地形较平坦的台站,设 $h = h'$;

在周围地形差异大的台站,应采用重力加速度实测值。

根据国家气象计量站的用振筒式气压传感器与水银气压表对比实验结果,新旧重力加速度公式引起的与海拔高度有关的系统误差如表 12.1 所示。

表 12.1 新旧重力加速度公式引起的与海拔高度有关的系统误差

H (m)	旧公式 (m/s²)	新公式 (m/s²)	Δg/g (×10⁻⁴)
0	9.79915	9.79870	0.5
500	9.79819	9.79716	1.1
1000	9.79723	9.79562	1.6
2000	9.79531	9.79253	2.8

H (m)	旧公式 (m/s²)	新公式 (m/s²)	Δg/g (×10⁻⁴)
3000	9.79339	9.78945	4.0
4000	9.79147	9.78636	5.2
5000	9.78955	9.78327	6.4

实验地点离国家公布的西宁市重力加速度值的重力点的距离约 100 米,高度差也不大于 1 米。因此,可以认为西宁重力点的重力加速度即为本站重力加速度的真值。即国家公布的西宁市重力加速值 $g_1 = 9.791099$ m/s²。本站 $\phi = 36°37'$,$h = 2261$ m,引用不同重力加速度值引起的水银气压表测量误差,如表 12.2 所示。计算中假定 $h' = h$,实际上西宁周围地形普遍比西宁高,因此 $h' \neq h$ 的话,1983 年公布的 WMO 公式计算的结果肯定还要接近实际值。

表 12.2　不同重力加速度值引起的水银气压表测量误差

重力加速度引用源	重力加速度 m/s²	可引起水银气压表的测量误差(hPa)
国家重力点	9.7911	−0.24
1983 年版 WMO	9.7917	−0.29
气象常用表	9.7948	−0.54

实验结果与理论分析一致表明,现用的气象常用表关于重力加速度计算公式用水银气压表测出的本站气压存在着显著与海拔高度有关的偏大的系统误差。

扣除重力误差外,还考虑到振筒压力传感器存在温度的影响,各个检定员之间读表本身存在的系统误差等因素,可以得出结论:振筒压力传感器仪不存在一个"与海拔高度有关的系统误差"。其它电测气压传感器也应如此。

此外,根据 1992 年资料收集平台(DCP)在新疆七角井气象站(海拔高度 874.4 米)的试验资料。用隐含周期分析方法得出的结果是:人工观测气压的标准差为 0.25 hPa,自动测量气压的标准差为 0.27 hPa。

由以上数据来看,DCP 与有线遥测气象仪的不确定度是不同的。这是因为前者包括了大气中气压的不确定性,而后者只是两种仪器的对比结果。

综上所述,在海拔不高的台站,自动与人工观测的本站气压(包括七角井)是比较接近的;在海拔较高的台站,由于水银气压表的重力加速度订正公式(气象常用表上的公式)不准确,造成了两者有系统偏差。采用新的重力加速度订正公式后,两者之间差异可望达到可接受的程度。

12.3.2　气温

在大气中,气温的波动相对较大。而且,太阳辐射造成的辐射误差也不能忽略。因此,不能简单地、随意地将单个对比数据进行比较,而要看一个较完整的资料系列的对比结果(每天 4 次观测)。

现在以七角井站 DCP 中气温为例予以说明。设在 t 次观测时,气温的真值为 η_t,人工观测值 y_t,自动气象站观测值为 z_t,人工观测的误差为 e_t,自动气象站的观测误差为 $\tilde{e}_t$,则

$$\begin{aligned} y_t &= \eta_t + e_t \\ z_t &= \eta_t + \tilde{e}_t \end{aligned} \qquad (t = 1、2、\cdots n) \qquad (12.3.1)$$

(12.3.1)式中气温的真值部分由周期性变化量 $f(t)$ 和趋势项(非周期性变化量)ε_t 组成。则

$$\eta_t = f(t) + \varepsilon_t \qquad (t = 1、2、\cdots n) \tag{12.3.2}$$

式(12.3.1)有

$$y_t - z_t = e_t - \tilde{e}_t$$

记

$$\zeta_t = y_t - z_t$$

那么

$$\mathrm{E}\zeta_t = \mathrm{E}e_t - \mathrm{E}\tilde{e}_t$$

方差为

$$\mathrm{V}_{ar}\zeta_t = \mathrm{V}_{ar}e_t + \mathrm{V}_{ar}\tilde{e}_t = \sigma_1^2 + \sigma_2^2 \tag{12.3.3}$$

σ_1^2 是人工观测值的方差，σ_2^2 是自动气象站测量值的方差。这是常规方法的计算结果。

用隐含周期和自相关模型求出 $\sigma_1^2 - \sigma_2^2$，然后与式(12.3.3)联解，就可分别求出 σ_1^2 和 σ_2^2。式(12.2.2)，周期部分可根据傅立叶级数理论，则有

$$f(t) = \sum_{j=1}^{3} (a_j\cos\lambda_j t + \beta_j\sin\lambda_j t) \qquad (t = 1、2、\cdots n) \tag{12.3.4}$$

式中，k 是周期项的个数，λ_j 为频率，a_j、β_j 是与 λ_j 相应振幅有关的量。

实际计算结果是：$\hat{k} = 4$，$\hat{\lambda}_1 = 0.0$，$\hat{\lambda}_2 = 0.0043035$，$\hat{\lambda}_3 = \pi/2$，$\hat{\lambda}_4 = \pi$。所以

$$f(t) = a_1 + \sum_{j=2}^{3} (a_j\cos\hat{\lambda}_j t + \beta_j\sin\hat{\lambda}_j t) + a_4\cos\hat{\lambda}_4 t \tag{12.3.5}$$

由于三角函数以 2π 为周期，所以 T_j 为 λ_j 相应的周期，则有

$$\lambda_j(t + T_j) = \lambda_j t + 2\pi$$

所以，$T_j = 2\pi/\lambda_j$，即 $T_2 = 1461.4$，$T_3 = 4$，$T_4 = 2$。

由于在实验时每天有 4 次测量，若以日为单位，气温周期变化为 365.31 和 0.5，这与日常经验相符。

也就是说，每天 4 次气温观测资料，用隐含周期分析的方法可以解析出大气中 365.31 日的年周期波动和大气中 0.5 日（即半天）的周期波动。这与取样定理是一致的。同理，如果自动气象站每 1 小时观测 1 次，就可以捕捉到周期为 2 小时的大气波动。自动气象站的优越性就更显而易见了。

根据经验，气温的趋势项（非周期部分）是自相关的。故用一阶自回归模型来描述它。

$$\varepsilon_t = \rho\varepsilon_{t-1} + u_t \qquad (t = 1、2、\cdots n) \tag{12.3.6}$$

其中 ρ 为自相关系数，u_t 是一个正态分布的随机变量，经计算，$\hat{\rho} = 0.813$。最后的计算结果：$\hat{\sigma}_1 = 0.512$，$\hat{\sigma}_2 = 0.377$。

即人工观测的气温标准差为 0.51℃，自动观测的标准差为 0.38℃。

由于大气中高频干扰的存在，即使用目前最好的滤波方式，也无法完全避免高频干扰混选到观测数据中去。因此，不管仪器的测量准确度如何的好，都无法将测量误差减下去。计算表明，对比资料也反映出了这种特征。但是，与人工观测相比较，由于自动气象站的测量值是多次取样后的平均值。因此，这种测量结果多少抑制了高频干扰的混选，这是它比人工观测结果优越之处。

根据有线遥测仪现场对比实验结果，气温的不确定度为 0.30℃。

由以上数据来看，DCP 与有线遥测仪的不确定度（2 倍标准差）是不同的，这是因为前者还包含了大气中气温的不确定性，而后者只是两种仪器的对比结果。

12.3.3　相对湿度

在人工观测中，气温在 -10.0℃以上，使用百叶箱干湿表，由于干湿表 A 值采用前苏联的

数值,使得测出来的相对湿度,出现系统偏大的误差。在-10.0℃以下,用毛发表(经订正图订正)测湿,误差很大。

在自动气象站中,用湿敏电容全程测湿,其测量原理与人工观测差别很大。

湿敏电容在相对湿度80%以下,线性度好,测湿性能较好。在低温下,湿敏电容的测湿性能明显地优于毛发表。但湿敏电容在相对湿度80%以上,开始出现非线性,使用时应予以校正。而在相对湿度接近100%时,出现明显的失真,这种情况在高温、高湿下更为明显。虽然可以通过软件予以纠正,但它此时降湿速度明显下降,这是一个需要注意和改进的问题。

因此,在分析对比资料时,需要分段予以评估。

12.3.4 风向风速

人工观测所用的电接风向风速计与自动气象站中使用的光电式风标风杯传感器,无论从原理、分辨率、准确度等各方面差别都很大。而且观测方法上又极不相同。因此,它们之间出现差异就是必然的。

如何来评估这种差异呢?

(1)启动风速

电接风向风速计的启动风速设计为2 m/s。因此,应该比较≥2 m/s以上的数据。

(2)2分钟平均风向风速

人工观测中,由于观测员任务较重,在2分钟风向风速观测中,很少有人真正做到观测2分钟时间。即使观测2分钟,靠人工去求平均值也不可靠。因此2分钟风向风速观测值不应在比较之中。

(3)10分钟风向风速

在人工观测中,10分钟最多风向和平均风速是用记录仪测得的,比较可靠。应该只比较两种测量体制中的该项记录。

(4)误差范围

电接风向风速计的误差是±11.25°,自动观测是±10°。

(5)风向相符率

在自然条件下,风向在时间和空间分布上差别很大。

因此,只需求出两者相符的百分率。

相符百分率(%)=(相符次数/总次数)×100%

电接风向风速计启动风速为2 m/s,因此在统计中不计2 m/s以下的记录。它的风向22.5°为1个方位,而自动气象站中的风向的测量准确度为10°。当自动气象站所测风向对应的角度范围,如NNE为1.25°~43.75°,NE为23.75°~66.25°时,即可认为两者相符,以此类推。

实验表明,风向对比相符率在不同地区相差甚大。在高山站,由于地形复杂,相符率甚低,如1986年安装在泰山站的资料收集平台,12个月的风向相符率平均只有36%,在新民、杭州,有线遥测站1991年共12个月的风向平均相符率为67%。而资料收集平台在内蒙朱日和一年的试验中,风向的平均相符率高达96%。通常认为,DCP的风向的相符率在60%~70%之间是满意的结果。

在多台有线遥测仪与人工观测的对比实验中,10分钟平均风向的相符率平均在75%~80%之间。

由以上数据看出,DCP中风向相符率比有线遥测气象仪要低一些,这是因为前者包含了两分钟平均风向相符率,而后者只是10分钟平均风向的相符率。

在青海 2001 年 1 月至 12 月全省自动气象站的 10 分钟平均风向的相符率为 66％，与其它试验结果相近。

（6）风速标准差

只需求 2 m/s 以上，10 分钟平均风速的标准差，并分析与人工观测值的差异。

DCP 现场实验表明，用隐含周期分析法得出的人工观测风速标准差为 0.97 m/s，自动气象站为 0.89 m/s，两者比较接近。当然其中都包含了大气中风速不确定性在内。

有线遥测仪现场对比实验表明，自动气象站 10 分钟平均风速不确定度为 0.85 m/s，即标准差为 0.43 m/s。

在青海 2001 年 1 月至 12 月全省自动气象站的 10 分钟平均风速的对比观测中，10 分钟平均风速的不确定度为 0.04 m/s，这是十分理想的结果。

12.3.5 雨量

在人工观测中，普遍认为雨量器测出的结果是可靠的，其实不然。根据中国气象科学研究院大气探测所从 1992 年开始，在全国 30 个站（每省一个站）与标准雨量器 7 年的对比结果，雨量器的平均百分误差为 6％～7％，这是在分析自动气象站测雨误差时需注意的一个问题。

在 DCP 现场实验中，雨量测量的问题较多，这是因为年降水量、月降水量都是累计值。而在自动气象站中采用的翻斗雨量计，要完全避免干扰信号的影响还有技术上的困难。只要有一次测量错误，就使月、年降水量产生错误。此外，正当下雨时，人工观测过程中就有雨量损失，致使产生较大的对比误差。以上两种误差，在降水量小时，其百分误差很大。根据 5 台资料收集平台（DCP）一年的对比结果，年降水量的相对误差在 20％～25％之间。

因此我们认为，根据目前自动气象站的实际情况，雨量的对比观测应以一次降水过程为起止点。

在有线遥测仪的现场对比资料分析中，降水量小于 10 mm 时，求差值绝对值的平均值，其结果为 0.5 mm。

$$月降水量的百分误差（\%）=\frac{人工观测月降水量-自动气象站观测月降水量}{人工观测月降水量}\times100\%$$

其结果为 10% 左右。

$$10 \text{ mm 以上降水中降水量过程的百分误差}（\%）=\frac{人工观测值-自动测量值}{人工观测值}\times100\%$$

$$10 \text{ mm 以上降水过程的百分误差月平均值}=$$
$$\frac{10 \text{ mm 以上降水过程中降水量的百分误差绝对值之和}}{10 \text{ mm 以上降水过程的过程累计数}}$$

其结果为 6.5% 左右。

整个考核期内可比累计降水量的百分误差为 10% 左右。

以上实验数据表明，自动气象站的雨量误差比较大，根据 2004 年中国气象局颁布的《地面气象观测规范》的规定，自动气象站测得的雨量值只做为发报值用，台站仍保留雨量器，在每天 08 时，20 时人工观测雨量，做为气候资料用。

在自动气象站的发展中，能否提高雨量传感器的测量准确度，是有待研究的问题。

12.3.6 地温

(1)地温测量的复杂性

太阳辐射加热下垫面后,使土壤温度迅速上升。由于土壤各处的物理化学性能不同,即比热不同,同样的热量,温度升值却不同。试验证明,在面积不大的观测场内,土壤中水平温场分布不均匀,垂直温度梯度很大,特别是在夏日晴天时更为明显。加之,在土壤中,辐射传热作用较弱;对流传热几乎不存在;土壤不是热的良导体,热传导进行较慢。这样就使土壤中温度水平不均匀性和垂直梯度不容易达到应有的平衡。加之地表测温受强烈太阳辐射影响,凡此种种,使得地温测量中,难以获得代表性的测量值,也难以判断哪一种仪器的测量较为可靠。1993 年10 月至 1994 年 9 月,在南宁和保定,1995 年 6 月在香河进行了浅层地温对比试验。

(2)土壤中水平温度场的不均匀性

为了分析夏日晴天地温变化剧烈时土壤中水平温度场的差别(不是极端差别),选用 10 个晴天 14:30 的观测资料。

设 h 为深度,T_1,T_2,T_3 分别代表第一组、第二组、第三组玻璃温度表的示值,d 代表差值绝对平均值。求出的结果见表 1。

表 12.3　夏日晴天 14:30 不同位置的地温表的差值平均值及其绝对值

h/cm	T_2-T_1/℃	T_3-T_2/℃	T_3-T_1/℃	d/℃
0	0.7	−1.0	−0.3	0.7
5	−0.2	−2.2	−2.4	1.6
10	−0.9	0.2	−0.7	0.6
15	−0.1	0.9	0.8	0.6
20	−0.4	0.6	0.2	0.4

从表 1 中差值绝对平均值来看,即使两地同一类型温度表安装的深度准确无误,而由于地点相距 0.6m 左右在夏日晴天一般可以相差 0.4~1.6℃。

从三个月的考核记录中,挑出地表温度大于 35℃ 的观测数据(177 次)求差值的绝对平均值进行土壤温度场的分析,结果如表 12.4,与表 12.3 有相似的结果。

表 12.4　地表温度在 35℃ 以上时不同位置的地温表的差值平均值及其绝对值

h/cm	T_2-T_1/℃	T_3-T_2/℃	T_3-T_1/℃	d/℃
0	0.5	0.8	0.9	0.7
5	0.3	2.0	2.3	1.5
10	0.9	0.2	0.6	0.6
15	0.2	0.8	0.6	0.6
20	0.3	0.4	0.2	0.3

注:T_2-T_1、T_3-T_2、T_3-T_1 分别代表不同深度的第二组与第一组、第三组与第二组、第三组与第一组地温表的差值平均值。

(3)土壤中垂直温度分布

下面是 10 个晴天不同时次不同深度土壤中人工观测温度的差别,列入表 12.5 中,用 No. 表示不同组别,$\triangle h$ 表示深度差,用 $\triangle T$ 表示温度差,用 t 表示观测时次。

表 12.5　不同时次每套玻璃地温表示值在垂直方向上的差值平均值/℃

No.	△h	时间(t)						
		8∶30	11∶30	12∶30	13∶30	14∶30	15∶30	20∶30
1#	0～5 cm	3.5	6.7	6.6	6.3	5.1	3.7	−2.1
	5～10 cm	1.6	4.3	4.4	4.4	4.1	3.3	−1.2
	10～15 cm	0.1	2.5	3.2	3.6	3.7	3.4	0.1
	15～20 cm	−0.4	1.1	1.5	1.9	2.1	2.3	0.9
2#	0～5 cm	3.8	7.2	7.4	7.3	6.0	4.5	−1.8
	5～10 cm	1.7	4.8	5.1	5.1	4.8	3.9	−1.3
	10～15 cm	0.0	1.9	2.4	2.7	2.8	2.7	0.1
	15～20 cm	−0.3	1.2	1.7	2.1	2.4	2.5	1.1
3#	0～5 cm	4.0	8.3	8.4	8.3	7.2	5.4	−2.3
	5～10 cm	0.6	2.4	2.5	2.5	2.4	2.0	−0.6
	10～15 cm	−0.1	1.6	2.0	2.3	2.1	1.9	−0.3
	15～20 cm	−0.1	1.6	2.0	2.3	2.7	2.8	0.8

由表 12.5 可见,在夏日晴天时 0～5 cm 温度差△T 除去 20∶30 较小外,其它时次最高(还不是极端值)可达 8.4℃,最低也有 3.5℃,如果安装误差有 ±1 cm,就可能造成 0.70～1.68℃ 的误差,这在安装时很容易遇到的。

(4)遥测地温仪的不确定度

表 12.6　三套浅层遥测地温仪不确定度的平均结果(℃)

h(cm)	不确定度(℃)		
	6～7 月	7～8 月	8～9 月
0	0.41	0.46	0.69
5	0.35	0.25	0.30
10	0.23	0.13	0.20
15	0.15	0.17	0.16
20	0.14	0.10	0.15

在青海 2001 年 1 月至 12 月全省自动气象站的 20 cm 以下地温的不确定度如下:

h(cm)	不确定度(℃)
20	0.72
40	0.64
80	0.11
160	0.04
320	0.02

20 cm 地温与表 12.6 有差别,可能是观测不同时造成的,即使这样,这样的结果是令人满意的。

(5)自动测量地温的科学性

自动气象站中,使用铂电阻温度传感器测量地温,该传感器有高度的稳定性,它们使用的是同一个变换器,由电子开关按设定程序一一接通,只要传感器没有出现漏水等现象,它们测定的温度肯定是正确的,其不确定度必然很小(见表 12.6)。而且其观测方法比人工观测更客观。

当出现与人工观测用玻璃温度表测得的温度出现较大差异时,或是土壤中水平温度分布不均一造成的;或是土壤中温度垂直梯度过大造成的。

为了分析这种差异,对浅层地温来说,只要比较 20 cm 地中温度即可;对较深层地温来说,只要比较 320 cm 地中温度即可。

根据现场试验,三套遥测地温仪(单要素遥测仪)20 cm 地温的不确定度为 0.13℃;而在有线遥测仪中 20 cm 地温的不确定度为 0.32℃左右,这都是可以接受的数值。

12.3.7 结论

自动与人工观测数据的差异是多种原因造成的。这些原因包括仪器的原理与观测方法不同,观测时间和空间不同,采样方式与算法不同,观测时次不同等等。

自动气象站的观测结果比人工观测更为客观、科学,因而更接近大气中的实际情况。就基本气象要素而言,气压、气温、风向、风速、地温、低温下测湿等,自动气象站具有明显的优势。在雨量测量上,虽然自动气象站在提供雨量累计量方面还有缺点,但它能及时提供雨量信息,作为天气预报上使用是有优越性的。在测湿中,虽然自动气象站在高温高湿下测湿效果不理想,但在其它湿度范围,也有优势。

自动气象站推广使用的初期,观测员对它不熟悉,仪器也有一个逐步完善和稳定的过程,随着时间的推移,自动气象站的优越性就日益显现出来。

可以说,自动气象站的推广使用,将使地面气象观测迈上一个新的台阶,这种发展趋势将不可逆转。

参考文献

[1] 中国气象局．地面气象观测规范．北京:气象出版社,2003 年 11 月

[2] 中国气象局．地面气象观测规范．北京:气象出版社,1979 年

[3] WMO 气象仪器和观测方法．(中译本)．第五版．北京:气象出版社,1992 年

[4] Guide to Meteorological Instrument and Methods of Observation (Sixth edition)．Secretariat of WMO．1996

[5] 林晔主编．大气探测学教程．北京:气象出版社,1993 年 9 月

[6] 李家瑞．气象传感器教程．北京:气象出版社,1994 年 11 月

[7] 张霭琛．现代气象观测．北京:北京大学出版社,2000 年 5 月

[8] 屠其璞等．气象应用概率统计学．北京:气象出版社,1984 年

[9] 郭锡钦,曾书儿,王金钊．自动气象站的动态试验及其测量准确度．应用气象学报,第五卷第二期　1994 年 5 月

[10] 任芝花,郭锡钦．浅层地温对比试验结果．气象,第 22 卷第 11 期

[11] 邹耀芳,张纬敏,王金钊,高淑东．地温观测方法的研究．气象,1994 年 11 月 P．3～9

[12] 李建英,贺晓雷．水银气压表的温度重力修正和重力引用问题．气象科技,第 31 卷第 1 期

[13] 周维新,李建英,丘其宪．气象重力加速度计算方法的研究．气象,第 25 卷第 6 期

[14] 青海省气象局．青海省自动站 2001 年质量评估报告

[15] 有线遥测站(Ⅱ型)评估课题组．有线遥测站(Ⅱ型)考核评估总结报告．1997 年 12 月

[16] 黎明琴,任芝花,邹耀芳．横向雨量计的设计及其测定的横向降水量订正由风引起的降水量误差．应用气象学报．2001 年第 2 期

[17] 赵根永．电子蒸发计的研制报告．气象,1987 年

[18] 王炳忠,刘庚山．日射观测中常用天文常数的再计算．太阳能学报,1991 年 1 月

[19] 张纬敏,谭月香．日照计测量误差探讨．气象,2000 年 5 月

[20] Н. Г. Протопов．Проектирование ветроизмерительных приборов．1976 年

[21] В. Ю. Торочков и Д. Я. СураЖский,ВетроиЗмерительные присоры,1974 年

[22] 佐贯亦男．地面气象器械．1957 年

[23] 中国气象局．地面有线综合遥测气象仪(Ⅱ型)观测规范．气象出版社,1999 年 8 月

[24] Ata Taker Pty Ltd．DT500 User' Manual．1991 年

[25] 北京华创升达高科技发展中心．CAWS600 型自动气象站技术及使用说明书．2002 年

[26] 李华．MCS-51 系列单片机实用接口技术．北京航空航天大学出版社,1993 年

[27] 北京华创升达高科技发展中心《CAWS800 型自动气象环境监控站技术及使用说明书》2004 年

[28] VAISALA Inc．DATA COLLECTION SYSTEM MILOS 200 AUTOMATIC WEATHER STATION TECHNICAL HANDBOOK,1985

[29] 中国华云技术开发公司、北京华创升达高科技发展中心．自动气象站地面测报业务系统．2002 年

[30] 中国华云技术开发公司,中国气象科学研究院大气探测中心．自动气象站网络控制中心．2001 年

[31] 任芝花,王改利,邹凤玲,张洪正,中国降水测量的误差．气象学报,2003 年 10 月

附　　录

附录1 测量准确度

1.1 通用计量术语及定义

下面是国家计量主管部门颁布的通用计量术语及定义(JJF1001—1998),只摘录了与气象有关的部分。

1.1.1 量和单位

(1)[可测量的]*量[measurable]quantity

现象、物体或物质可定性区别和定量确定的属性,如长度、时间、温度等。

(2)[测量]单位 unit[of measurement]

[计量]单位

为定量表示同种量的大小而约定地定义和采用的特定量。

(3)国际单位制(SI) lnternational System of Units (SI)

由国际计量大会(CGPM)采纳和推荐的一种一贯单位制。

注:

① SI 是国际单位制的国际通用符号。

② 目前,国际单位制基于下列 7 个基本单位:

量	SI 基本单位	
	名称	符号
长度	米	m
质量	千克(公斤)	kg
时间	秒	s
电流	安[培]	A
热力学温度	开[尔文]	K
物质的量	摩[尔]	mol
发光强度	坎[德拉]	cd

1.1.2 测量

(1)量值 value of a quantity

一般由一个数乘以测量单位所表示的特定量的大小。

例:5.34 m 或 534 cm,15 kg,10 s,−40℃。

注:对于不能由一个数乘以测量单位所表示的量,可以参照约定参考标尺,或参照测量程序,或两者都参照的方式表示。

(2)[量的]真值 true value[of a quantity]

与给定的特定量的定义一致的值。

注:

① 量的真值只有通过完善的测量才有可能获得。

② 真值按其本性是不确定的。

③ 与给定的特定量定义一致的值不一定只有一个。

(3)被测量 measurand

作为测量对象的特定量。

例：给定的水样品在20℃时的蒸汽压力。

注：对被测量的详细描述，可要求包括对其他有关量（如时间、温度和压力）作出说明。

1.1.3 测量结果

（1）已修正结果　corrected result

系统误差修正后的测量结果。

（2）测量准确度　accuracy of measurement

测量结果与被测量真值之间的一致程度。

注：

① 不要用术语精密度代替准确度。

② 准确度是一个定性概念。

（3）[测量结果的]重复性　repeatability　[of results of measurements]

在相同测量条件下，对同一被测量进行连续多次测量所得结果之间的一致性。

注：

① 这些条件称为重复性条件。

② 准重复性条件包括：

相同的测量程序；

相同的观测者；

在相同的条件下使用相同的测量仪器；

相同地点；

在短时间内重复测量。

③ 重复性可以用测量结果的分散性定量地表示。

（4）[测量结果的]复现性　reproducibility [of results of measurements]

在改变了的测量条件下，同一被测量的测量结果之间的一致性。

（5）实验标准[偏]差　experimental standard deviation

对同一被测量作 n 次测量，表征测量结果分散性的量 s 可按下式算出：

$$s = \sqrt{\frac{\sum\limits_{i=1}^{n}(x_i - \overline{x})^2}{n-1}}$$

式中：x_i 为第 i 次测量的结果；

$\overline{x}$ 为所考虑的 n 次测量结果的算术平均值。

注：

①当将 n 个值视作分布的取样时，$\overline{x}$ 为该分布的期望的无偏差估计，s^2 为该分布的方差 σ^2 的无偏差估计。

②$\dfrac{s}{\sqrt{n}}$ 为 $\overline{x}$ 分布的标准偏差的估计，称为平均值的实验标准偏差。

③将平均值的实验标准偏差称为平均值的标准误差是不正确的。

（6）测量不确定度 uncertainty of measurement

表征合理地赋予被测量之值的分散性，与测量结果相联系的参数。

注：

① 参数可以是诸如标准偏差或其倍数，或说明了置信水准的区间的半宽度。

② 量不确定度由多个分量组成。其中一些分量可用测量列结果的统计分布估算,并用实验标准偏差表征。另一些分量则可用基于经验或其他信息的假定概率分布估算,也可用标准偏差表征。

③ 测量结果应理解为被测量之值的最佳估计,而所有的不确定度分量均贡献给了分散性,包括那些由系统效应引起的(如,与修正值和参考测量标准有关的)分量。

(7) 标准不确定度　standard uncertainty

以标准偏差表示的测量不确定度。

(8) 合成标准不确定度　combined standard uncertainty

当测量结果是由若干个其他量的值求得时,按其他各量的方差或(和)协方差算得的标准不确定度。

(9) [测量]误差　error[of measurement]

测量结果减去被测量的真值。

注:

① 由于真值不能确定,实际上用的是约定真值。

② 当有必要与相对误差相区别时,此术语有时称为测量的绝对误差。注意不要与误差的绝对值相混淆,后者为误差的模。

(10) 偏差　deviation

一个值减去其参考值。

(11) 相对误差　relative error

测量误差除以被测量的真值。

注:由于真值不能确定,实际上用的是约定真值。

(12) 随机误差　random error

测量结果与在重复条件下,对同一被测量进行无限多次测量所得结果的平均值之差。

注:

① 随机误差等于误差减去系统误差。

② 因为测量只能进行有限次数,故可能确定的只是随机误差的估计值。

(13) 系统误差　systematic error

在重复性条件下,对同一被测量进行无限多次测量所得结果的平均值与被测量的真值之差。

注:

① 如真值一样,系统误差及其原因不能完全获知。

② 对测量仪器而言,参见"偏移"。

(14) 修正值　correction

用代数方法与未修正测量结果相加,以补偿其系统误差的值。

注:

① 修正值等于负的系统误差。

② 由于系统误差不能完全获知,因此这种补偿并不完全。

(15) 修正因子　correction factor

为补偿系统误差而与未修正测量结果相乘的数字因子。

注:由于系统误差不能完全获知,因此这种补偿并不完全。

1.1.4　测量仪器

(1) 测量传感器　measuring transducer

提供与输入量有确定关系的输出量的器件。

（2）测量系统　measuring system

组装起来以进行特定测量的全套测量仪器和其他设备。

（3）测量设备　measuring equipment

测量仪器、测量标准、参考物质、辅助设备以及进行测量所必需的资料的总称。

（4）敏感元件　sensor

敏感器

测量仪器或测量链中直接受被测量作用的元件。

1.1.5　测量仪器特性

（1）量程　span

标称范围两极限之差的模。

例：对从 $-10V\sim +10V$ 的标称范围，其量程为 20V。

注：在有些知识领域中，最大值与最小值之差称为范围。

（2）测量范围　measuring range

工作范围　working range

测量仪器的误差处在规定极限内的一组被测量的值。

（3）响应特性　response characteristic

在确定条件下，激励与对应响应之间的关系。

例：热电偶的电动势与温度的函数关系。

注：

① 这种关系可以用数学等式、数值表或图表示。

② 当激励按时间函数变化时，传递函数（响应的拉普拉斯变换除以激励的拉普拉斯变换）是响应特性的一种形式。

（4）灵敏度　sensitivity

测量仪器响应的变化除以对应的激励变化。

注：灵敏度可能与激励值有关。

（5）鉴别力［阈］　discrimination[threshold]

使测量仪器产生未察觉的响应变化的最大激励变化，这种激励变化应缓慢而单调地进行。

注：鉴别力阈可能与例如噪声（内部的或外部的）或摩擦有关，也可能与激励值有关。

（6）［显示装置的］分辨力　resolution[of a displaying device]

显示装置能有效辨别的最小的示值差。

注：

① 用于数字式显示装置，这就是当变化一个末位有效数字时其示值的变化。

② 概念亦适用于记录式装置。

（7）漂移　drift

测量仪器计量特性的慢变化。

（8）响应时间　response time

激励受到规定突变的瞬间，与响应达到并保持其最终稳定值在规定极限内的瞬间，这两者之间的时间间隔。

（9）测量仪器的准确度　accuracy of a measuring instrument

测量仪器给出接近于真值的响应的能力。

注:准确度是定性的概念。

（10）准确度等级　accuracy class

符合一定的计量要求,使误差保持在规定极限以内的测量仪器的等别、级别。

注:准确度等级通常按约定注以数字或符号,并称为等级指标。

（11）测量仪器的[示值]误差　error[of indication]of a measuring instrument

测量仪器示值与对应输入量的真值之差。

注:

① 由于真值不能确定,实用上用的是约定真值。

② 此概念主要应用于参考标准相比较的仪器。

③ 就实物量具而言,示值就是赋予它的值。

（12）[测量仪器的]最大允许误差　maximum permissible errors[of a measuring instrument]

对给定的测量仪器,规范、规程等所允许的误差极限值。

注:有时也称测量仪器的允许误差限。

（13）[测量仪器的]基值误差　datum error[of a measuring instrument]

为核查仪器而选用在规定的示值或规定的被测量值处的测量仪器误差。

（14）[测量仪器的]零值误差　zero error[of a measuring instrument]

被测量为零值的基值误差。

（15）[测量仪器的]固有误差　intrinsic error [of a measuring instrument]

在参考条件下确定的测量仪器的误差。

（16）[测量仪器的]偏移　bias[of a measuring instrument]

测量仪器示值的系统误差。

注:测量仪器的偏移通常用适当次数重复测量的示值误差的平均来估计。

（17）[测量仪器的]重复性　repeatability[of a measuring instrument]

在相同测量条件下,重复测量同一个被测量,测量仪器提供相近示值的能力。

注:

①这些条件包括:

相同的测量程序;

相同的观测者;

在相同条件下使用相同的测量设备;

在相同地点;

在短时间内重复。

②重复性可用示值的分散性定量地表示。

1.1.6　测量标准

（1）[测量]标准　[measurement]standard, etalon

[计量]基准、标准

为了定义、实现、保存或复现量的单位或一个或多个量值,用作参考的实物量具、测量仪器、参考物质或测量系统。

（2）国际[测量]标准　international[measurement]standard

国际[计量]基准

经国际协议承认的测量标准,在国际上作为对有关量的其他测量标准定值的依据。

（3）国家[测量]标准 national[measurement]standard

国家[计量]基准

经国家决定承认的测量标准，在一个国家内作为对有关量的其他测量标准定值的依据。

（4）基准　primary standard

原级标准

具有最高的计量学特性，其值不必参考相同量的其他标准，被指定的或普遍承认的测量标准。

注：基准的概念同等地适用于基本量和导出量。

（5）次级标准　secondary standard

通过与相同量的基准比对而定值的测量标准。

注：有时副基准、工作基准亦称次级标准。

1.2　气象测量

1.2.1　概述

气象测量也可称为"观测"。一个单次测量就是一个样本。在自动观测中，传感器对气象变量的一系列的瞬间读数可得出一个平均值或平滑值，就是一次观测。

在气象观测中，考虑到系统误差通常是可以修正的，为了方便起见，常常使用不太精确的准确度表达。即用在置信水平为95%时的不确度（二倍标准差）来表示这种准确度。在CIMO的指南中，就是这样做的。而CIMO的指南对各成员国有指导作用。了解这一点很重要，否则读者就会发现本附录1中1和3的表述有矛盾。因为根据我国的计量名词解释，准确度是一个定性概念。随机误差应用不确定度来表示，而且在数字前面不用±号。

1.2.2　误差来源及其估计

误差的来源是在测量时，一次、几次或多次的积累的结果。

现以气温为例，在单次测量中温度的误差源有：

（1）温度仪器与各类标准器进行比对时，标准器本身存在的误差。在实际应用中，标准器的误差较小，往往忽略不计；

（2）比对设备（或称检定设备）引起的误差。该误差的大小取决于检定设备的质量和操作人员（检定员）的技术水平；

（3）温度仪器的非线性、飘移，可重复性和复现性所引起的误差，该误差的大小取决于温度传感器的类型；

（4）在做气温观测时，要使用百叶箱（或辐射罩），它与周围空气热交换不充分引起的误差。如果通风良好，该项误差很小；否则可能很大；

（5）安装位置不正确引起的误差。如果温度传感器安装位置不具有代表性，例如靠近热源（建筑物、树木等），周围地形复杂（小山等），可能引起较大误差。

在气象测量中，确定真值是困难的。如果对上述误差源加以严格控制，是能够得到有代表性的观测数据的。

1.3　气象测量的准确度要求

任何测量可认为由两部分组成，即信号与噪声。信号是要测定的量。噪声是不需要的部分。

噪声的出现有多种原因。由于观测没有按正确的时间和地点进行，或者由于被观测的量在短周期或小尺度上出现不规则的波动等等，这些原因虽然与观测本身无关，但必须把它平滑掉。另一些噪声是与测量本身有关的,如测量仪器不准确,操作不当等等。

在某些极端情况下,仪器——它的误差大于信号本身的幅度——只能给出意义不大的信息或测量不到有用的信息。因此,为了不同的目的,噪声和信号的振幅,分别按下列原则决策:

当噪声的振幅超过性能的限度时,改进仪器设备是不必要的;

当信号的振幅低于性能的限度时,获取的数据是无价值的。

附表 1.1　CIMO 对气象测量准确度等的要求(摘自 CIMO 指南第六版)

测量 要素		测量 范围	报告的 分辨力	要求的 准确度	可达到的 业务准确度	传感器 时间常数	输出的 平均时间	观测/ 测量方法
温度	气温	−60～+60℃	0.1℃	±0.1℃	±0.2℃	20s	1min	I
	气温极值	−60～+60℃	0.1℃	±0.5℃	±0.2℃	20s	1min	
湿度	露点温度	<−60～+35℃	0.1℃	±0.5℃	±0.5℃	20s	1min	I
	相对湿度	5～100%	1%	±3%	湿球温度			
					±0.2℃	20s	1min	
					固态或其它			
					±3%～5%	40s	1min	
大气压	气压	920～1080 hPa	0.1 hPa	±0.1 hPa	±0.3 hPa	20s	1 min	
	趋势		0.1 hPa	±0.2 hPa	±0.2 hPa			
云	云量	0～8/8	1/8	±1/8	±1/8			I
	云底高度	<30 m～30 km	30 m	±10 m≤100 m; ±10%>100 m	≈10m			
风	风向	0～360°	10°	±5%	±5°	1s	2min 或 10min	A
	风速	0～75m/s	0.5m/s	±0.5m/s,≤5m/s ±10,>5m/s	±0.5m/s	距离常数 2～5m		
	阵风	0～75m/s	0.5m/s	±10%	±0.5m/s		3s	
降水	降水量	0～>400mm	0.1mm	±0.1mm,≤5mm ±2%,>5mm	±5%			T A I
	雪深	0～10m	1cm	±1cm ≤20cm ±5%,>20cm				A I
能见度	气象光学视程	50～70km	50m	±50m,≤500m; ±10%,>500m	±10% ±20%	3min		I
	跑道视程 ≤500m;	<50～1500m	25m	±25m,≤150m; >50 m,>150m～ ≤500m; ±100m,>500m ～≤1000m; ±200m,>1000m			1min 和 10min	A
蒸发	蒸发皿的 蒸发量	0～10mm	0.1m	±0.1mm,≤5mm; ±2%,>5mm				T
辐射	日照时数	0～24h	0.1h	±0.1h	*　±0.2%	20s		T
	净辐射		1MJ/(m²·d)	±0.4 MJ/(m²·d), ≤8MJ/(m²·d), ±5% >8MJ/(m²·d)	*　±0.5%,	20s		T

注:(1)测量要素栏中列出的是一些基本量。

　　(2)测量范围栏中给出的是大多数测量要素的一般变化范围,限区取决于当地的气候条件。

　　(3)报告的分辨力栏中给出的是电码手册确定的必须遵守的分辨力。

(4)要求的准确度栏中给出的是通常已获使用的推荐的准确度要求。个别应用可以低于严格的要求。要求的准确性确度的确定值表示报告值相对于真值的不确定度。

(5)观测/测量方法栏中:I 为排除自然的小尺度变率与噪声,1 分钟的平均可作为最小的和最合适的要求,高到 10 分钟的平均也是可接受的。

A 为在一个固定的时间间隔内的平均值。

T 为在一个固定的时间间隔内的总量。

* (6)日照时数和净辐射的可达到业务准确度可能有误——作者

154

附录 2　常用计算公式与附表

2.1　海平面气压 P_0 计算公式

气压传感器测得为本站气压 P_h，本站气压只表示测站所在海拔高度上的大气压强。为了天气分析与预报上的需要，必须把不同高度测站的本站气压订正到同一高度的海平面上，才能进行比较。如图 2.1

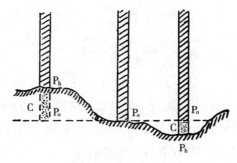

图 2.1　海平面气压订正示意图

根据拉普拉斯压高公式，可知

$$\log \frac{P_0}{P_h} = \frac{H}{18400\left(1 + \dfrac{tm}{273}\right)} \tag{2.1.1}$$

变换成海平面气压计算公式

$$P_0 = P_h \cdot 10^{H/\left[18400\left(1+\frac{tm}{273}\right)\right]} \tag{2.1.2}$$

式中：H 为气压传感器的海拔高度(m)。

tm 为测站到海平面之间理想空气柱的平均温度(℃)

$$tm = \frac{t + t_{12}}{2} + \frac{rH}{2} = \frac{t + t_{12}}{2} + \frac{H}{400} \tag{2.1.3}$$

其中：t 为观测时气温，t_{12} 为观测前 12 小时气温；r 为气温垂直递减率，规定采用 0.5℃/100 m；H 为传感器海拔高度。

当气压传感器海拔高度<15 m 时，采用

$$P_0 = P_h + \Delta P = P_h + 34.68 \times \frac{H}{273 + \bar{t}} \tag{2.1.4}$$

$\bar{t}$ 为台站年平均气温。

2.2　湿度参量的计算公式

2.2.1　饱和水汽压 Ew

在一定温度下，空气中的水汽与相毗连的水或冰平面处于相变平衡时湿空气中的水汽压。饱和水汽压采用世界气象组织推荐的戈夫-格雷奇(Goff-Gratch)公式。

155

(1)纯水平液面饱和水汽压的计算公式

$$\log E_w = 10.79574(1 - T_1/T) - 5.02800\log(T/T_1) + 1.50475 \times 10^{-4}$$
$$[1 - 10^{-8.2969(T/T_1-1)}] + 0.42873 \times 10^{-3}[10^{4.7699(1-T_1T)} - 1] + 0.78614 \quad (2.2.1)$$

式中 E_w：纯水平液面饱和水汽压(hPa)；$T_1 = 273.16K$(水的三相点温度)；$T = 273.15 + t℃$(绝对温度K)。

(2)纯水平冰面饱和水汽压的计算公式

$$\log E_i = -9.09685\left(\frac{T_1}{T} - 1\right) - 3.56654\log\left(\frac{T_1}{T}\right) + 0.87682\left(1 - \frac{T_1}{T}\right) + 0.78614$$
$$(2.2.2)$$

式中 E_i：水平冰面饱和水汽压(hPa)；T_i 和 T 同上。

2.2.2 水汽压 e

(1)用干湿球温度求空气中水汽压的计算公式

$$e = E_{tw} - AP_h(t - t_w)$$

式中 e：水汽压(hPa)；E_{tw}：湿球温度 t_w 所对应的纯水平液面的饱和水汽压,湿球结冰且湿球温度低于 0℃时,为纯水平冰面的饱和水汽压；A：干湿表系数($℃^{-1}$),由干湿表类型、通风速度及湿球结冰与否而定,其值见干湿表系数表；P_h：本站气压(hPa)；t：干球温度(℃)；t_w：湿球温度(℃)。

附表2.1　干湿表系数表

干湿表类型及通风速度	$A_i \times 10^{-3}(℃^{-1})$	
	湿球未结冰	湿球结冰
通风干湿表(通风速度2.5m/s)	0.662	0.584
球状干湿表(通风速度0.4m/s)	0.857	0.756
柱状干湿表(通风速度0.4m/s)	0.815	0.719
现用百叶箱球状干湿表(通风速度0.8m/s)	0.7947	0.7947

(2)当使用湿敏电容,毛发表或湿度计读数经订正后测得相对湿度时,由相对湿度求水汽压公式

$$e = U \times E_w/100 \quad (2.2.3)$$

式中 U：相对湿度(%)；e：水汽压(hPa)；E_w：干球温度 t 所对应的纯水平液面饱和水汽压(hPa)。

2.2.3 相对湿度 U

1.使用干湿球温度表测湿时,空气中相对湿度的计算公式

$$U = (e/E_w) \times 100\%$$

式中 U 相对湿度(%)；e：水汽压(hPa)；E_w：干球温度 t 所对应的纯水平液面(或冰面)饱和水汽压(hPa)。

2.使用毛发湿度表(计)测湿时,空气中相对湿度的计算公式

$$Y = b_0 + b_1X + b_2X^2 + b_3X^3 \quad (2.2.4)$$

式中 Y：经毛发湿度表(计)订正后的相对湿度(%)；X：毛发湿度表(计)读数(%)；b_0, b_1, b_2, b_3：

回归多项式系数,即毛发湿度表(计)的订正系数。

2.2.4 露点温度 T_d

露点温度没有直接计算公式,它实际上是对 Goff—Gratch 公式的求解,从公式中可以看到求解的复杂性,在地面气象测报业务软件中采用新系数的马格拉斯公式求出初值,再用逐步逼近(最多 3 次)方法求出露点温度 T_d(℃)。

马格拉斯公式为:

$$E_w = E_0 \times 10^{\frac{a \times T_d}{b \times T_d}} \tag{2.2.5}$$

转换为:

$$T_d = \frac{b \times log \dfrac{E_w}{E_0}}{a - log \dfrac{E_w}{E_0}} \tag{2.2.6}$$

式中 E_w 为饱和水汽压(hPa);E_0 为 0℃时的饱和水汽压,等于 6.1078 hPa;a 为系数,取 7.69;b 为系数,取 243.92。

经验算:初值精度为,当 $-80 < T_d < 40$ 时,误差为 ± 0.14;当 $40 \leqslant T_d < 50$ 时,误差为 ± 0.2。因此这种新系数的马格拉斯公式具有一定的实用价值。

2.3 气象辐射观测常用的公式

2.3.1 时间

(1)时差 E_Q

时差 E_Q 指真太阳时与地方平均太阳时之差,按以下公式计算:

$$E_Q = 0.0028 - 1.9857 \sin Q + 9.9059 \sin 2Q - 7.0924 \cos Q - 0.6882 \cos 2Q \tag{2.3.1}$$

$$Q = 2\pi \times 57.3(N + \Delta N - N_0)/365.2422 \tag{2.3.2}$$

式中 N 为按天数顺序排列的积日。1 月 1 日为 0;2 日为 1;其余类推……,12 月 31 日为 364(平年);闰年 12 月 31 日为 365。

ΔN 为积日订正值,由观测地点与格林尼治经度差产生的时间差订正值 L 和观测时刻与格林尼治 0 时时间差订正值 W 两项组成。

$$\pm L(D + M/60)/15 \tag{2.3.3}$$

式中 D 为观测点经度的度值,M 为分值,换算成与格林尼治时间差 L。东经取负号,西经取正号。

$$W = (S + F/60) \tag{2.3.4}$$

式中 S 为观测时刻的时值,F 为分值。计算附表 2.4.1 时,$S=12$,$F=0$。

最后两项时值再合并化为日的小数。我国处于东经 L 取负值,所以:

$$\Delta N = (W - L)/24 \tag{2.3.5}$$

$$N_0 = 79.6764 + 0.2422(Y - 1985) - INT[0.25(Y - 1985)] \tag{2.3.6}$$

式中 Y 为年份,$INT(X)$ 为 BASIC 语言中求出不大于 X 的最大整数的标准函数。附表 2.4.1 时差 E_Q 表就是根据(2.3.1)公式计算的,其误差不大于 30s。

157

（2）真太阳时 TT

$$TT = T_M + E_Q = C_T + L_C + E_Q \tag{2.3.7}$$

式中 TT：真太阳时；T_M：地方平均太阳时（地平时）；C_T：地方标准时（时区时），中国以 120°E 地方时为标准，称为北京时；L_C：经度订正（4 min/度），如果地方子午圈在标准子午圈的东边，则 L_C 为正，反之为负；E_Q：时差。

2.3.2 太阳位置

（1）赤纬 D_E

$$D_E = 0.3723 + 23.2567\sin Q + 0.1149\sin 2Q - 0.1712\sin 3Q$$
$$- 0.7580\cos Q + 0.3656\cos 2Q + 0.0201\cos 3Q \tag{2.3.8}$$

式中 Q 同本附录的（2.3.2）式。附表 2.4.2 赤纬（D_E）表是根据上式计算的，其误差不大于 0.03°。

（2）太阳高度角 H_A 与方位角 A

$$\sin H_A = \sin\Phi \cdot \sin D_E + \cos\Phi \cdot \cos D_E \cdot \cos T_0 \tag{2.3.9}$$
$$\cos A = (\sin DE \cdot \cos\Phi - \cos D_E \cdot \cos\Phi \cdot \cos T_0)/\sin H_A \tag{2.3.10}$$
$$\sin A = -\cos D_E \cdot \sin T_0/\sin H_A \tag{2.3.11}$$

式中 Φ：当地纬度（保留 1 位小数）；D_E：太阳赤纬；T_0：太阳时角，按下式计算：

$$T_0 = (TT - 12) \times 15° \text{（保留 1 位小数）} \tag{2.3.12}$$

（3）可照时数 T_A 与日出时间 T_R，日落时间 T_S

$$\sin\frac{T_B}{2} \sqrt{\frac{\sin(45° + \dfrac{\Phi - D_E + r}{2})\sin(45° - \dfrac{\Phi - D_E - r}{2})}{\cos\Phi\cos D_E}} \tag{2.3.13}$$

式中 T_B 为半日可照时数；$r = 34'$ 为蒙气差；Φ 为当地纬度；D_E 为太阳赤纬。

可照时数 $T_A = 2 \times T_B$

T_B 化成时、分后，按下式算出日出时间 T_R 及日落时间 T_S：

$$T_R = 12 - T_B \tag{2.3.14}$$
$$T_S = 12 + T_B \tag{2.3.15}$$

上述 T_R，T_S 均为真太阳时，最后应化为地平时。

2.3.3 日地平均距离修正值

日地平均距离修正值为 $(\overline{R}/R)^2$，其计算公式为：

$$(\overline{R}/R)^2 = 1.000423 + 0.032359\sin Q + 0.000086\sin 2Q$$
$$- 0.008349\cos Q + 0.000115\cos 2Q \tag{2.3.16}$$

式中 Q 同（2.3.2）式。

2.4 附表

2.4.1 时差 E_Q 表（单位:分）（经度＝120度,1992年）（12时0分）

日期 半年	日期 闰年	月	2月	3月	4月	5月	6月	7月	8月	9月	10月	11月	12月
1		−2	−13	−13	−5	3	3	−3	−7	−1	10	16	11
2	1	−3	−13	−13	−4	3	2	−4	−7	−0	10	16	11
3	2	−3	−13	−13	−4	3	2	−4	−7	−0	11	16	10
4	3	−4	−13	−12	−4	3	2	−4	−6	0	11	16	10
5	4	−4	−14	−12	−3	3	2	−4	−6	1	11	16	10
6	5	−5	−14	−12	−3	3	2	−4	−6	1	12	16	9
7	6	−5	−14	−12	−3	4	2	−4	−6	1	12	16	9
8	7	−5	−14	−12	−3	4	1	−5	−6	2	12	16	8
9	8	−6	−14	−11	−2	4	1	−5	−6	2	13	16	8
10	9	−6	−14	−11	−2	4	1	−5	−6	2	13	16	8
11	10	−7	−14	−11	−2	4	1	−5	−6	3	13	16	7
12	11	−7	−14	−11	−1	4	1	−5	−6	3	13	16	7
13	12	−7	−14	−10	−1	4	1	−5	−6	3	13	16	6
14	13	−8	−14	−10	−1	4	0	−6	−5	4	14	16	6
15	14	−8	−14	−10	−1	4	0	−6	−5	4	14	15	5
16	15	−9	−14	−10	−0	4	−0	−6	−5	5	14	15	5
17	16	−9	−14	−9	−0	4	−0	−6	−5	5	15	15	5
18	17	−9	−14	−9	0	4	−1	−6	−5	5	15	15	4
19	18	−10	−14	−9	0	4	−1	−6	−4	6	15	15	4
20	19	−10	−14	−8	1	4	−1	−6	−4	6	15	14	3
21	20	−10	−14	−8	1	4	−1	−6	−4	6	15	14	3
22	21	−11	−14	−8	1	4	−1	−6	−4	7	15	14	2
23	22	−11	−14	−8	1	4	−2	−6	−3	7	16	14	2
24	23	−11	−14	−7	2	4	−2	−7	−3	8	16	13	1
25	24	−11	−14	−7	2	3	−2	−7	−3	8	16	13	1
26	25	−12	−13	−7	2	3	−2	−7	−3	8	16	13	0
27	26	−12	−13	−6	2	3	−2	−7	−2	9	16	12	−0
28	27	−12	−13	−6	2	3	−3	−7	−2	9	16	12	−1
29	28	−12	−13	−6	3	3	−3	−7	−2	9	16	12	−1
30	29	−13		−5	3	3	−3	−7	−1	10	16	11	−1
31	30	−13		−5	3	3	−3	−7	−1	10	16	11	−2
	31			−5		3		−7	−1		16		−2

注:(1)用月份、日期查表,闰年1、2月份与平年同,从3月1日开始查闰年一行。

(2)一般情况(即不符合1992年、12时、120°E)查此表时,最大误差不大于1分钟。

2.4.2 赤纬 D_E 表(单位:度)(经度＝120度,1992年)(12时0分)

日期		1月	2月	3月	4月	5月	6月	7月	8月	9月	10月	11月	12月
半年	闰年	月	2月	3月	4月	5月	6月	7月	8月	9月	10月	11月	12月
1		−23.1	−17.6	−8.3	3.8	14.5	21.8	23.2	18.5	8.9	−2.5	−13.9	−21.5
2	1	−23.1	−17.3	−7.9	4.2	14.8	21.9	23.2	18.2	8.6	−2.9	−14.2	−21.7
3	2	−23.0	−17.1	−7.5	4.6	15.1	22.1	23.1	18.0	8.2	−3.3	−14.5	−21.8
4	3	−22.9	−16.8	−7.1	5.0	15.4	22.2	23.0	17.7	7.8	−3.6	−14.8	−22.0
5	4	−22.8	−16.5	−6.8	5.4	15.7	22.3	22.9	17.4	7.5	−4.0	−15.1	−22.1
6	5	−22.7	−16.2	−6.4	5.8	16.0	22.5	22.9	17.2	7.1	−4.4	−15.5	−22.3
7	6	−22.6	−15.9	−6.0	6.1	16.3	22.6	22.8	16.9	6.7	−4.8	−15.8	−22.4
8	7	−22.5	−15.6	−5.6	6.5	16.5	22.7	22.7	16.6	6.4	−5.2	−16.1	−22.5
9	8	−22.4	−15.3	−5.2	6.9	16.9	22.8	22.6	16.4	6.0	−5.6	−16.4	−22.6
10	9	−22.2	−15.0	−4.8	7.9	17.1	22.9	22.5	16.1	5.6	−6.0	−16.6	−22.7
11	10	−22.1	−14.6	−4.4	7.6	17.4	22.9	22.3	15.8	5.2	−6.3	−16.9	−22.8
12	11	−21.9	−14.3	−4.0	8.0	17.7	23.0	22.2	15.5	4.9	−6.7	−17.2	−22.9
13	12	−21.8	−14.0	−3.6	8.4	17.9	23.1	22.1	15.2	4.5	−7.1	17.5	−23.0
14	13	−21.6	−13.6	−3.2	8.7	18.2	23.2	21.9	14.9	4.1	−7.5	−17.8	−23.1
15	14	−21.5	−13.3	−2.8	9.1	18.4	23.2	21.8	14.6	3.7	−7.8	−18.0	−23.2
16	15	−21.3	−13.0	−2.5	9.5	18.7	23.3	21.6	14.3	3.3	−8.2	−18.3	−23.2
17	16	−21.1	−12.6	−2.1	9.8	18.9	23.2	21.5	14.0	2.9	−8.6	−18.6	−23.3
18	17	−20.9	−12.3	−1.7	10.2	19.1	23.4	21.3	13.7	2.6	−9.0	−18.8	−23.3
19	18	−20.7	−11.9	−1.3	10.5	19.4	23.4	21.2	13.3	2.2	−9.3	−19.1	−23.4
20	19	−20.5	−11.6	−0.9	10.9	19.6	23.4	21.0	13.0	1.8	−9.7	−19.3	−23.4
21	20	−20.3	−11.2	−0.5	11.2	19.8	23.4	20.8	12.7	1.4	−10.1	−19.5	−23.4
22	21	−20.1	−10.9	−0.1	11.6	20.0	23.4	20.6	12.4	1.0	−10.4	−19.8	−23.4
23	22	−19.9	−10.5	0.3	11.9	20.2	23.4	20.4	12.0	0.6	−10.8	−20.0	−23.4
24	23	−19.7	−10.1	0.7	12.3	20.4	23.4	20.2	11.7	0.2	−11.1	20.2	−23.4
25	24	−19.4	−9.8	1.1	12.6	20.6	23.4	20.0	11.4	−0.2	−11.5	−20.4	−23.4
26	25	−19.2	−9.4	1.5	12.9	20.8	23.4	19.8	11.0	−0.5	−11.8	−20.6	−23.4
27	26	−18.9	−9.0	1.9	13.2	21.0	23.4	19.6	10.7	−0.9	−12.2	−20.8	−23.4
28	27	−18.7	−8.7	2.3	13.6	21.2	23.4	19.4	10.3	−1.3	−12.5	−21.0	−23.4
29	28	−18.4	−8.3	2.7	13.9	21.3	23.3	19.2	10.0	−1.7	−12.9	−21.2	−23.3
30	29	18.2		3.1	14.2	21.5	23.3	18.9	9.6	−2.1	−13.2	−21.4	−23.3
31	30	−17.9		3.5	14.5	21.6	23.3	18.7	9.3	−2.5	−13.5	−21.5	
	31			3.8				18.5	8.9		−13.9		−23.2

注:(1)用月份、日期查表,闰年1、2月份与平年同,从3月1日开始查闰年一行。

(2)一般情况(即不符合1992年、12时、120°E)查此表时,最大误差不大于0.03°。

附录 3　观测时制和日界

3.1　气象上常用的时制

3.1.1　真太阳时(TT)

根据太阳在天空的实际位置来计算时间的称为真太阳时,又称"视时"。太阳通过当地子午线的时刻称为该地真太阳时的正午(时角为零度)。太阳两次通过当地子午线所间隔的时间称为一个真太阳日。

真太阳日不是等长的。这是由于地球赤道面与地球公转轨道面斜交以及地球公转速度不等的原因造成的。

3.1.2　地方平均太阳时(简称地平时)(T_M)

由于真太阳时各日长短不一,为实用起见,采用全年真太阳日总和的平均值,称为"平均太阳日"。再将平均太阳日平均为 24 小时,称为"平均太阳时"。

各地(不同经度)的平均太阳时,叫做该地的地方平均太阳时,简称地平时。

真太阳时与平均太阳时的差称为时差(E_Q),可从附录(2.3.1)公式计算或查附表 2.4.1。

地方时和真太阳时的关系:

$$真太阳时(TT) = 地方时(T_M) + 时差(E_Q) \tag{3.1.1}$$

3.1.3　标准时

地方时既然依当地的子午线而定,这样,在同一时刻,经度不同的世界各地的地方时均不相同,因此使用地方时会造成极大不便。1884 年国际经度会议制定时区制度,规定经度每隔 15°为一个时区,全球共分 24 个时区。以 0°经线(格林威治子午线)为基准经线,分别东西经度各 7.5°的范围作为零时区,然后每隔 15°为一时区,东经西经各 12 时区。

各时区都以本区中央经线的地方时作为全区共同使用的时刻。例如,北京处于东八区,东经 120°是东八区的中央线,因此北京时间即是东经 120°的地方时。

为使用上便利,世界标准时采用格林威治地方时;我国标准时统一采用东经 120°的地方时,即北京时。北京时与世界标准时固定相差 8 小时。

$$地方时(T_M) = 北京时(C_T) \pm 经度时差(L_C) \tag{3.1.2}$$

$$地方时(T_M) = 北京时(C_T) + (测站经度 - 120°) \times 4 分/每经度 \tag{3.1.3}$$

$$真太阳(TT) = 北京时(C_T) \pm 经度时差(L_C) + 时差(E_Q) \tag{3.1.4}$$

3.2　我国气象观测采用的时制和日界

我国规定:器测日照用真太阳时,辐射和自动观测日照用地方平均太阳时,其余项目均采用北京时。

日照、辐射以地平时 24 时为日界,其余项目均以北京时 20 时为日界。

附录4 自动气象站数据缺测的补测方法与仪器

4.1 自动气象站定时数据缺测时的处理方法

4.1.1 自动气象站定时数据缺测时,基准站用人工平行观测记录代替;其他站一般时次不进行补测,仅在 02、08、14、20 时 4 个定时和规定编发气象观测报告的时次,气压、气温、湿度、风向、风速、降水记录缺测时,用现有人工观测仪器或轻便仪器在正点后 10 分钟内进行补测;超过 10 分钟时不进行补测,该时数据按缺测处理。

4.1.2 在自动气象站定时数据中,某一定时数据(降水量除外)缺测时,用前、后两定时数据内插求得,按正常数据统计;若连续两个或以上定时数据缺测时,不能内插,仍按缺测处理。

4.1.3 辐射自动观测仪出现故障时,采用精度高的毫伏表(四位半)进行测量,即将辐射表与毫伏表联接,在每个地平时正点读出毫伏表的电压值(V),根据辐射表的灵敏度 K 算出辐照度(E)。

$$E = V/K \times 1000 \qquad (4.1.1)$$

其中 V 为以 mV 为单位的电压值。

然后用两相邻的 E 值,用梯形求面积的公式,计算出每小时总量 H,再求和得出日总量 D。

例:某站某日日出时间为 6 时 32 分,用毫伏表测得 7 时总辐射表为 2.67 mV,8 时为 5.93 mV。总辐射表的灵敏度为 9.03 μV·W^{-1}m^2,则 6～7 时和 7～8 时的时总量计算如下:

7 时辐照度=2.67×1000/9.03=296 W·m^2

8 时辐照度=5.93×1000/9.03=657 W·m^2

6～7 时曝辐量 H_7=(0+296)/2×(60−32)×60=248640 J·m^{-2}=0.25MJ·m^{-2}

7～8 时曝辐量 H_8=(296+657)/2×(60×60)=1715400 J·m^{-2}=1.72MJ·m^{-2}

4.2 补测所用的仪器

气压缺测用水银气压表补测

气温湿度缺测时用通风干湿表补测。当气温低于−10℃时,用毛发湿度表读数,经订正图订正后数据做为正式记录。

风向风速缺测时用轻便风速表补测。